编 委 会

高职高专项目导向系列教材

水污染控制技术

杨　巍　主编
王英健　主审

化学工业出版社

·北京·

本书共分五个学习情境，主要介绍了有关污水、水体污染等污水处理必备的基础知识；污水水量水质调节的方法及构筑物，污水中油类物质、较粗大悬浮物、可沉固体等的去除方法及构筑物；污水中有机污染物的去除方法、工艺、构筑物；污水中细小悬浮颗粒、胶体物质、微量重金属离子、难降解有机物、病原微生物的去除方法及构筑物；污泥浓缩、消化、脱水、焚烧、最终处置的方法、途径及构筑物。本书力求语言通俗，内容实用。

本书可作为高职高专环境监测与治理等专业和相关专业的教材，也可作为污水处理企业运行操作人员的参考书。

图书在版编目（CIP）数据

水污染控制技术/杨巍主编. —北京：化学工业出版社，2012.8（2024.8重印）
高职高专项目导向系列教材
ISBN 978-7-122-14852-0

Ⅰ. 水… Ⅱ. 杨… Ⅲ. 水污染-污染控制-高等职业教育-教材 Ⅳ. X520.6

中国版本图书馆 CIP 数据核字（2012）第 158814 号

责任编辑：李仙华 文字编辑：郑 直
责任校对：周梦华 装帧设计：刘丽华

出版发行：化学工业出版社（北京市东城区青年湖南街 13 号 邮政编码 100011）
印 装：北京虎彩文化传播有限公司
787mm×1092mm 1/16 印张 7 字数 163 千字 2024 年 8 月北京第 1 版第 8 次印刷

购书咨询：010-64518888 售后服务：010-64518899
网 址：http://www.cip.com.cn
凡购买本书，如有缺损质量问题，本社销售中心负责调换。

定 价：21.00 元

序

辽宁石化职业技术学院是于 2002 年经辽宁省政府审批，辽宁省教育厅与中国石油锦州石化公司联合创办的与石化产业紧密对接的独立高职院校，2010 年被确定为首批"国家骨干高职立项建设学校"。多年来，学院深入探索教育教学改革，不断创新人才培养模式。

2007 年，以于雷教授《高等职业教育工学结合人才培养模式理论与实践》报告为引领，学院正式启动工学结合教学改革，评选出 10 名工学结合教学改革能手，奠定了项目化教材建设的人才基础。

2008 年，制定 7 个专业工学结合人才培养方案，确立 21 门工学结合改革课程，建设 13 门特色校本教材，完成了项目化教材建设的初步探索。

2009 年，伴随辽宁省示范校建设，依托校企合作体制机制优势，多元化投资建成特色产学研实训基地，提供了项目化教材内容实施的环境保障。

2010 年，以戴士弘教授《高职课程的能力本位项目化改造》报告为切入点，广大教师进一步解放思想、更新观念，全面进行项目化课程改造，确立了项目化教材建设的指导理念。

2011 年，围绕国家骨干校建设，学院聘请李学锋教授对教师系统培训"基于工作过程系统化的高职课程开发理论"，校企专家共同构建工学结合课程体系，骨干校各重点建设专业分别形成了符合各自实际、突出各自特色的人才培养模式，并全面开展专业核心课程和带动课程的项目导向教材建设工作。

学院整体规划建设的"项目导向系列教材"包括骨干校 5 个重点建设专业（石油化工生产技术、炼油技术、化工设备维修技术、生产过程自动化技术、工业分析与检验）的专业标准与课程标准，以及 52 门课程的项目导向教材。该系列教材体现了当前高等职业教育先进的教育理念，具体体现在以下几点：

在整体设计上，摒弃了学科本位的学术理论中心设计，采用了社会本位的岗位工作任务流程中心设计，保证了教材的职业性；

在内容编排上，以对行业、企业、岗位的调研为基础，以对职业岗位群的责任、任务、工作流程分析为依据，以实际操作的工作任务为载体组织内容，增加了社会需要的新工艺、新技术、新规范、新理念，保证了教材的实用性；

在教学实施上，以学生的能力发展为本位，以实训条件和网络课程资源为手段，融教、学、做为一体，实现了基础理论、职业素质、操作能力同步，保证了教材的有效性；

在课堂评价上，着重过程性评价，弱化终结性评价，把评价作为提升再学习效能的反馈工具，保证了教材的科学性。

目前，该系列校本教材经过校内应用已收到了满意的教学效果，并已应用到企业员工培训工作中，受到了企业工程技术人员的高度评价，希望能够正式出版。根据他们的建议及实际使用效果，学院组织任课教师、企业专家和出版社编辑，对教材内容和形式再次进行了论证、修改和完善，予以整体立项出版，既是对我院几年来教育教学改革成果的一次总结，也希望能够对兄弟院校的教学改革和行业企业的员工培训有所助益。

感谢长期以来关心和支持我院教育教学改革的各位专家与同仁，感谢全体教职员工的辛勤工作，感谢化学工业出版社的大力支持。欢迎大家对我们的教学改革和本次出版的系列教材提出宝贵意见，以便持续改进。

辽宁石化职业技术学院　　院长　*徐建春*

2012 年春于锦州

前言

随着我国工业化进程的加快和经济的迅猛发展，水污染日趋严重，使本就稀缺的淡水资源更加紧张，人们的生产和发展受到严重的威胁。于是，如何处理好水污染问题，成为了我国可持续发展的根本。为此，一方面，国家不断地完善法律法规来治理水污染问题，《中华人民共和国水污染防治法》已于2008年2月28日修订通过，同时国家对排污企业实行污染源治理专项补贴，对城市污水处理厂的建设和运行实行专项补贴，有效地促进了污水治理；另一方面，国家进一步加大环保科技投入，投入大量资金，研发水污染防治技术。同时，水污染治理工作需要大量的能够满足行业、企业需要的，能够在生产、技术、管理和服务第一线工作的高技能型人才。

本书打破了传统教材学科体系的构建模式，紧密结合水污染治理行业、企业岗位对高技能型人才在知识、能力、素质等方面的实际需求，强调知识的实用性，建立了以职业能力、职业素质培养为目标，以行动为导向，以工作任务为核心，以学生为主体，以真实职业活动情境为载体，以实训为手段的内容体系。本书分为五个学习情境，即认识污水、污水的一级处理（预处理）、污水的二级处理（生物处理）、污水的三级处理、污泥的处理与处置，语言通俗、重点突出地介绍了水污染控制必备的基础知识，污水、污泥处理的常用方法，典型工艺流程，常用污水处理设备的构造、工作过程、运行管理等，同时以新工艺、新技术、新设备取代了已过时的工艺、技术、设备。

本书由辽宁石化职业技术学院杨巍主编（情境1～情境4）并统稿，辽宁石化职业技术学院卢铁军参编（情境5）；由辽宁石化职业技术学院王英健主审，并给予了许多指导性意见和建议，在此表示衷心感谢。

本书在编写的过程中，参考并引用了大量文献资料，得到了企业专家的宝贵意见和建议。锦州市北控水务有限公司王剑哲工程师对书稿进行了审阅。书中部分插图为北京东方仿真软件技术有限公司提供。在此，谨对有关文献资料作者、企业专家、东方公司表示诚挚的谢意。

由于编者水平有限，书中难免存在疏漏之处，敬请读者批评指正。

编　者
2012年2月

目 录

情境四　污水的三级处理 64

情境五　污泥的处理与处置 86

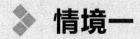

认 识 污 水

【情境分析】

从污染源排出的污水，因含污染物总量或浓度较高，达不到排放标准要求或不适应环境容量要求，从而降低水环境质量和功能目标时，必须经过人工强化处理。污水处理方法的选择，主要依据污水中污染物的种类、性质、存在状态、污水的水量、水质的变化以及污水所需要达到的处理程度等。

作为一名污水处理厂的操作工，进行岗前培训时，在系统地学习污水处理工艺流程、处理单元所采用的处理方法、处理构筑物等知识之前，必须对污水有一定的了解，包括污水的类型、来源、存在的污染物、水质指标、处理方法、排放标准等，这样才能更好地理解污水处理所采用的工艺、技术。

【任务描述】

任务 目标	1. 知识目标 (1)掌握污水的概念、类型、来源、水质指标、水质标准、处理方法、处理工艺流程等 (2)理解水体污染的概念、实质、类型、水污染控制的基本原则 (3)了解世界水资源、中国水资源的状况、特征 2. 能力目标 能够初步解读污水处理工艺流程 3. 素质目标 具备一定的自学、语言表达、计算机应用、沟通合作、组织协调的能力
基本 任务	1. 污水产生的主要原因是什么？ 2. 水体污染与水体自净有何种关系？ 3. 水污染治理的依据有哪些？
探索 任务	1. BOD_5 与 COD_{Cr} 有什么区别？ 2. 城镇污水处理厂排水依据的水质标准是什么？ 3. 污水处理厂处理污水的一般步骤是什么？
综合 任务	1. 结合生活经历或见闻，找出与自己生活最近的水污染现象、危害等 2. 你参观过污水处理厂吗？利用网络资源了解污水处理厂的情况，包括岗位设置、岗位职责等

【知识链接】

一、污水的概念

污水，通常指受一定污染的、来自生活和生产的废弃水。

二、污水的类型

根据污水的来源，可将其分为生活污水和工业废水两大类。生活污水是指人们生活过程中排出的污水，主要包括粪便水、洗浴水、洗涤水和冲洗水等；工业废水是指工业生产中排出的污水。此外，由城镇排出的污水，叫做城市污水，其中包括生活污水和工业废水。

根据污水中的主要成分，可将污水分为有机污水、无机污水和综合污水。有机污水是指污水中污染物主要是有机物质，如含酚污水；无机污水一般以无机污染物为主，如含氰污水、含氮污水、含汞污水等；综合污水是指污水中含有机污染物、无机污染物，并且两者含量都很高。

根据污水的酸碱性，也可将污水分为酸性污水、碱性污水和中性污水。

三、水体污染

1. 水体污染的概念

水体污染是指排入天然水体的污染物，在数量上超过了该物质在水体中的本底含量和水体环境容量，从而导致水体的物理特征和化学特征发生不良变化，破坏了水中固有的生态系统，破坏了水体的功能及其在经济发展和人民生活中的作用。为了确保人类生存的可持续发展，人们在利用水的同时，必须有效地防治水体的污染。

2. 水体污染的实质

水体具有一定的自净能力，但水体的自净能力是非常有限的，若污染物的数量超过水体的自净能力，就会导致水体污染。

（1）水体自净的概念　污染物随污水排入水体后，经过物理的、化学的和生物化学的作用，使污染物质的浓度随着时间的推移，在流动的过程中自然降低或总量减少，受污染的水体部分地或完全地恢复原状，这种现象称为水体自净。

（2）水体自净的过程　水体自净过程是十分复杂的，从净化机理来看，可分为物理净化作用、化学净化作用和生物化学净化作用。物理净化是指进入水体的污染物质通过稀释、混合、沉淀和挥发，浓度降低，但总量不减；化学净化是指污染物通过氧化、还原、中和、分解等过程，其存在的形态和浓度发生变化，但总量不减；生物化学净化是指污染物通过水生生物特别是微生物的生命活动，其存在形态发生变化，有机物无机化，有害物无害化，浓度降低，总量减少。由此可见，生物化学净化作用是水体自净的主要原因。上述三种净化过程是交织在一起的。

3. 水体污染源

向水体排放污染物的场所、设备、装置和途径统称为水体污染源。造成水体污染的因素是多方面的，具体归纳为以下几个方面。

（1）工业污染源　工业污染源是向水体排放工业废水的工业场所、设备、装置或途径。工业废水通常分为工艺污水、设备冷却水、原料或成品洗涤水、生产设备和场地冲洗水等污水。污水中常含有生产原料、中间产物、产品和其他杂质等。工业污水具有污染面广、排放量大、成分复杂、毒性大、不易净化和难处理等特点。

（2）生活污染源　生活污染源主要是向水体排放生活污水的家庭、商业、机关、学校、服务业和其他城市公用设施。生活污水包括厨房洗涤水、洗衣机排水、沐浴水、厕所冲洗水及其他排水等。生活污水中含有大量有机物质，含有氮、磷、硫等无机盐类，含有多种微生物和病原体。

（3）其他污染源　随大气扩散的有毒物质通过重力沉降或降水过程而进入水体，其他污染物被雨水冲刷随地面径流而进入水体等，均会造成水体污染。

4. 水体污染类型

(1) 有机耗氧物质污染　生活污水和一部分工业废水，如食品工业、造纸工业废水等，含有大量的碳水化合物、蛋白质、脂肪和木质素等有机污染物。这类物质排入水体，可以通过微生物的生化作用而分解，在此过程中需要消耗水体中的溶解氧，因而被称为耗氧污染物。大量的耗氧有机物进入水体，势必导致水体中溶解氧急剧下降，因而影响鱼类和其他水生生物的正常生活。严重的还会引起水体变黑、发臭，鱼类大量死亡。

(2) 植物营养物质污染　生活污水和某些工业污水，如皮革、食品、炼油、合成洗涤剂等工业产生的污水以及施用磷肥、氮肥的农田水，含有氮、磷等植物营养物质，这类污水大量地排入水体，会使水体植物营养物质增多，引起藻类及其他浮游生物异常繁殖，分泌生物毒素，并消耗水中的溶解氧，引起鱼、贝类中毒死亡，并能通过食物链，危害人体健康。

(3) 石油污染　石油污染多发生在海洋中，主要来自油船的事故泄漏、海底采油、油船压舱水及陆上炼油厂和石油化工污水。进入海洋的石油在水面形成一层油膜，影响氧气扩散进入水体，因而对海洋生物的生长产生不良影响，降低水体自净能力。石油污染会使鱼虾类产生石油臭味，降低海产品的食用价值。石油污染破坏优美的海滨风景，降低了作为疗养、旅游地的使用价值。

(4) 有毒化学物质污染　主要是重金属、氰化物和难降解的有机污染物，它们大都来自矿山、冶炼污水等。有毒污染物的种类已达数百种之多，其中包括重金属无机毒物如 Hg、Cd、Cr、Pb、Ni、Co、Ba 等；人工合成高分子有机化合物如多氯联苯、芳香胺等。它们都不易消除，富集在生物体中，通过食物链，危害人类健康。

(5) 酸、碱、盐污染　生活污水、工矿污水、化工污水、废渣和海水倒灌等都能产生酸、碱、盐的污染，使水体水含盐量增加，影响水质。

(6) 热污染　工矿企业、发电厂等向水体排放高温污水，使水体温度增高，影响水生生物的生存和水资源的利用。温度增高，使水中溶解氧减少且加速耗氧反应，最终导致水体缺氧和水质恶化。

(7) 放射性污染　水体中放射性物质主要来源于铀矿开采、选矿、冶炼，核电站、核试验以及放射性同位素的应用等。从长远来看，放射性污染是人类所面临的重大潜在威胁之一。

(8) 病原体污染

生活污水，医院污水，肉类加工厂、畜禽养殖场、生物制品厂污水等，常含有病原体，如病毒、病菌和病原虫。这类污水如不经过适当的净化处理和消毒，流入水体后，即会通过各种渠道，引起痢疾、伤寒、传染性肝炎及血吸虫病等。

5. 水污染控制的基本原则

(1) 宏观性控制对策　控制污染物排放增量，调整优化产业结构与工业结构，大力发展高技术产业，坚持走新型工业化道路，合理进行工业布局，促进传统产业升级，提高高技术产业在工业中的比重。坚持节约发展、清洁发展、安全发展，以实现经济又好又快发展。建设资源节约型、环境友好型社会主义和谐社会。

(2) 技术性控制对策

① 全面推行清洁生产。清洁生产是通过生产工艺的改进和改革、原料的改变、循环利用以及操作管理的强化等措施，将污染物尽可能地消灭在生产过程之中，使资源循环利用，

使污水排放量减到最少。在工业企业内部加强技术改造，全面推行工业清洁生产，推进资源综合利用，加快淘汰落后的生产能力、工艺、技术和设备，是防治水污染最重要的对策与措施。通过推进工业的清洁生产，使工业用水量降低，这不仅可以节约水资源，而且可使城市污水排放量相应减少，大大削减污染负荷。

② 提高工业用水重复利用率。工业用水的重复利用率是衡量工业节水程度高低的重要指标。提高工业用水的重复用水率及循环用水率是一项十分有效的节水措施。根据国外先进经验及国内实际状况，淘汰落后的、耗水量高的工艺、设备以及产品，规定各种行业的水重复利用率的合理范围，可以促进、提高水的重复利用和循环利用水平。

③ 实行水污染物排放总量控制制度。实施总量控制的途径是对有排污量削减任务的企业实行重点污染物排放量的核定制度。也就是说，对这些企业要按照总量控制的要求分配排污量，超过所分配的排污量的，要限期削减，其排污量的多少，要依照国务院的规定进行核定。实施水污染物排放总量控制是中国环境管理制度的重大转变，将对防治水污染起到积极的促进作用。

④ 推行工业污水与生活污水综合集中处理措施，建设城市污水处理厂。在建有城市污水集中处理设施的城市，应尽可能地将工业污水排入城市排水系统，进入城市污水处理场与生活污水合并处理。但工业污水的水质必须满足进入城市排水系统的水质标准。对于不能满足标准的工业污水，应在工厂内部先进行适当的局部处理，使水质达到标准后，再行排入城市排水系统。

（3）管理性控制对策　管理性控制对策主要包括：进一步完善污水排放标准和相关的水污染控制法规和条例，加大执法力度，严格限制污水的超标排放；规范各单位的污染物排放口，对各排放口和受纳水体进行在线监测，逐步建立完善城市和工业排污监测网络和数据库，建立科学有效的监督和管理机制。

四、污水的水质指标

1. 水质、水质指标概念

水质是指水与水中杂质共同表现的综合特征。水中杂质具体衡量的尺度称为水质指标。污水和受纳水体的物理、化学和生物等方面的特征是用水质指标来表示的。水质指标是水体进行监测、评价、利用和污染治理的依据，也是控制污水处理设施运行状态的依据。

2. 物理性指标

（1）水温　水温是污水水质的重要物理指标之一。污水的水温与其物理、化学、生物性质密切相关。污水水温过低（低于 5℃）或过高（高于 40℃）都会影响污水的生物化学处理效果。

（2）色度　生活污水通常呈灰色。当污水中的溶解氧降低至零，污水中所含有的有机物产生腐败现象，则污水呈黑褐色并有臭味。有色污水常给人以不愉快感，排入环境后又使天然水体着色，减弱水体的透光性，影响水生生物的生长。水的颜色用色度作为指标。色度可由悬浮固体、胶体或溶解物质形成。

（3）臭味　生活污水的臭味主要由有机物腐败产生的气体造成。工业废水的臭味主要由挥发性化合物造成。臭味会造成感观不悦，甚至会危及人体生理健康，导致呼吸困难、胸闷、呕吐等。

（4）固体物质含量　固体物质按存在形态不同可分为悬浮的、胶体的和溶解的三种。固体物质含量用总固体量（TS）作为指标。把一定量水样在 105～110℃ 干燥箱中烘干至恒重，所得的质量即为总固体量。

悬浮固体（SS），又称悬浮物。把水样用滤纸过滤后，在105～110℃干燥箱中烘干至恒重，所得质量称为悬浮固体量；滤液中存在的固体物质即为胶体和溶解固体。悬浮固体通常由有机物和无机物组成，所以又分为挥发性悬浮固体（VSS）和非挥发性悬浮固体（NVSS）。把悬浮固体在600℃马弗炉中灼烧，所失去的质量称为挥发性悬浮固体量；残留的质量为非挥发性悬浮固体量。在生活污水中，前者约占70%，后者约占30%。悬浮固体可影响水体的透明度，降低水中藻类的光合作用强度，限制水生生物的正常运动，减缓水底活性，导致水体底部缺氧，使水体同化能力降低。

3. 化学性指标

污水中的污染物质，按化学性质可分为无机污染物和有机污染物。

（1）无机污染物及其指标　无机污染物指标包括酸碱度，氮、磷，无机盐类和重金属离子含量等。

① 酸碱度。酸碱度用pH值表示，在数值上等于氢离子浓度的负对数。天然水体的pH值多在6～9范围内。当pH值范围超出6～9时，会对人、畜造成危害，特别是pH值低于6的酸性污水，对排水管渠、污水处理构筑物及设备产生腐蚀作用。pH值是污水化学性质的重要指标。

② 氮、磷。氮、磷是植物的重要营养物质，是在污水生物处理过程中，微生物所必需的营养物质，同时也是使湖泊、水库、海湾等缓流水体发生富营养化的主要物质。

③ 硫酸盐与硫化物。污水中的硫酸盐通过硫酸根 SO_4^{2-} 表示。在缺氧的条件下，由于硫酸盐还原菌、反硫化菌的作用，SO_4^{2-} 被脱硫、还原成 H_2S。在排水管道内，H_2S 在噬硫细菌的作用下，形成 H_2SO_4，对管壁具有严重的腐蚀作用。在污水生物处理过程中，SO_4^{2-} 允许浓度为 1500mg/L。硫化物在污水中的存在形式有硫化氢（H_2S）、硫氢化物（HS^-）和硫离子（S^{2-}）。硫化物属于还原性物质，消耗污水中的溶解氧，并能与重金属离子反应，生成金属硫化物的沉淀。

④ 氯化物。生活污水和工业污水中均含有相当数量的氯化物。当氯化物含量高时，对管道和设备产生腐蚀作用；如灌溉农田，会引起土地板结；氯化物浓度超过 2000mg/L 时，对污水生物处理微生物有抑制作用。

⑤ 非重金属无机有毒物质。

a. 氰化物。氰化物在污水中的存在形式是无机氰化物（如氢氰酸 HCN、氰酸盐 CN^-）和有机氰化物［称为腈，如丙烯腈（C_2H_3CN）］。氰化物是剧毒物质，人体摄入的致死剂量是 0.05～0.12g。

b. 砷化物。砷化物在污水中的存在形式是无机砷化物（如亚砷酸盐 AsO_2^-、砷酸盐 AsO_4^{3-}）和有机砷（三甲基砷）。它们对人体毒性作用强弱的排序为：有机砷＞亚砷酸盐＞砷酸盐。砷能在人体内积累，属致癌物质。

⑥ 重金属离子。污水中的重金属离子主要有汞、镉、铅、铬、锌、铜、镍、锡等，通常可以通过食物链在动物或人体内富集，而产生中毒作用。某些重金属离子，在微量浓度时，有益于微生物、动植物和人类；但当浓度超过某一数值时，就会产生毒害作用，特别是汞、镉、铅、铬以及它们的化合物。污水中的重金属难以净化去除。在污水处理过程中，重金属离子的 60%左右被转移到污泥中，往往使污泥中的重金属含量超过污泥农用时污染物控制标准限值。因此，对含有重金属离子的工业污水，必须在企业内进行旨在去除重金属离

子的局部处理。

(2) 有机物污染综合指标 由于有机物种类繁多，详细区分和逐一定量较难，但可根据有机物都能被氧化的这一共同特性，用氧化过程所消耗的氧量作为衡量有机物总量的综合指标，进行定量。

① 生物化学需氧量 (BOD)。生物化学需氧量也称生化需氧量，是在水温为 20℃ 条件下，由于微生物的生活活动，水中能分解的有机物质完全氧化分解时所消耗的溶解氧量，单位为 mg/L。当温度在 20℃ 时，一般的有机物质需要 20 天左右时间才能基本完成氧化分解过程，而要全部完成此过程则需 100 多天。因此，目前国内外普遍规定在 20℃ 条件下，以培养 5 天作为测定生化需氧量的标准，测得的生化需氧量称为 5 日生化需氧量，用 BOD_5 表示。

在实际工作中，常用 5 日生化需氧量 BOD_5 作为可生物降解有机物的综合浓度指标。

② 化学需氧量 (COD)。化学需氧量 (COD) 是在酸性条件下，利用强氧化剂将有机物氧化成 CO_2 和 H_2O 所消耗的氧量，单位为 mg/L。我国规定用重铬酸钾 K_2CrO_7 作为强氧化剂来测定污水的化学需氧量，其测得的值通常用 COD_{Cr} 来表示。由于重铬酸钾的氧化能力极强，能氧化分解有机物的种类多，如对直链脂肪烃的氧化率可达 80%～90%。另外，也可用高锰酸钾作为氧化剂，其氧化能力较重铬酸钾为弱，但测定方法比较简便，在测定有机物含量的相对比较值时采用。如果污水中有机物的数量和组成相对稳定，COD 和 BOD 之间能有一定的比例关系，可以互相推算求定。对一定的污水而言，通常 COD>BOD，两者的差值大致等于难生物降解的有机物量。因此根据 BOD_5/COD_{Cr} 的比值大小，可以推测污水是否适宜于采用生化技术进行处理。BOD_5/COD_{Cr} 的比值大小称为污水的可生化性指标，比值越大，越适宜于采用生物处理技术。

③ 总需氧量 (TOD)。总需氧量 (TOD) 是指有机物中的 C、H、N、S 等组成元素被氧化成为稳定的氧化物时所消耗的氧量，单位为 mg/L。TOD 用总需氧量分析仪进行测定。将一定量的水样，在含有一定浓度氧气的氮气载带下，自动注入内填铂催化剂的高温石英燃烧管，在 900℃ 高温下瞬间燃烧，使水样中的有机物燃烧氧化，由于氧被消耗，供燃烧用的气体中氧的浓度降低，经氧燃料电池测定气体载体中氧的降低量，测得结果在记录仪上以波峰形式显示，TOD 值即根据试样波峰的高度求出。由于在高温下燃烧，有机物可被彻底氧化，所以，TOD>COD。

④ 总有机碳 (TOC)。总有机碳 (TOC) 是以碳的含量表示水体中有机物质总量的综合指标，单位为 mg/L。由于 TOC 的测定采用燃烧法，因此能将有机物全部氧化，它比 BOD 或 COD 更能直接表示有机物的总量。因此，其常常被用来评价水体中有机物污染的程度。近年来，国内外已研制出各种类型的 TOC 分析仪。其中燃烧氧化-非分散红外吸收法流程简单、重现性好、灵敏度高，只需一次性转化。因此，这种 TOC 分析仪被广泛应用。

TOD 和 TOC 的测定原理相同，但有机物数量的表示方法不同，前者用消耗的氧量表示，后者用含碳量表示。

4. 生物性指标

污水中的微生物以细菌和病毒为主。生活污水、食品工业污水、制革污水、医院污水等含有肠道病原菌、寄生虫卵、炭疽杆菌和病毒等。因此，了解污水的生物性质具有重要意义。

(1) 总大肠菌群数 总大肠菌群数 (MPN) 是以在 100mL 水样中可能存活着大肠菌群

的总数表示的。大肠菌本身虽非致病菌，但由于大肠菌与肠道病原菌都存活于人类的肠道内，在外界环境中生存条件相似，而且大肠菌的数量多，检测比较容易，因此常采用总大肠菌群数作为卫生学指标。水中存在大肠菌，就表明该污水受到粪便污染，并可能存在着病原菌。

（2）细菌总数　细菌总数是以 1mL 水样中的细菌菌落总数表示，是大肠菌群数、病原菌、病毒及其他腐生细菌的总和。细菌总数越多，表示病原菌和病毒存在的可能性越大。

（3）病毒　污水中已被检出的病毒有 100 余种。检出大肠菌，可表明肠道病原菌存在，但不能表明是否存在病毒和炭疽杆菌等其他病原菌，因此还需检测病毒指标。

综上所述，用总大肠菌群数、细菌总数和病毒等卫生学指标来评价污水受生物污染的程度比较全面。

五、污水的水质标准

水质标准是对水质指标作出的定量规范，包括国务院各主管部委、局颁布的国家标准以及省、市一级颁布的地方标准等，具体可以归纳为水域水质标准和排水水质标准两大类。

水质标准详见本课程资源库。

六、污水的处理方法

1. 污水处理方法及分类

污水处理方法，按其作用原理不同，分为物理处理法、化学处理法、物理化学法和生物化学法四类。

（1）物理处理法　通过物理作用，分离、回收污水中不溶解的呈悬浮状态的污染物质（包括油膜和油珠），主要方法有筛滤、沉淀、上浮、离心分离、过滤等。

（2）化学处理法　通过化学反应，分离去除污水中处于溶解、悬浮或胶体状态的污染物质，主要方法有中和、氧化还原、化学沉淀、电解等。

（3）物理化学处理法　通过物理化学作用去除污水中的污染物质，主要方法有混凝、气浮、吸附、离子交换、膜分离等。

（4）生物化学处理法　利用微生物的代谢作用，使污水中呈溶解、胶体状态的有机污染物转化为稳定的无害物质。

2. 污水处理技术的分级

现代污水处理技术，按处理程度划分，可分为一级处理、二级处理和三级处理。

一级处理，主要去除污水中悬浮固体和漂浮物质，同时还通过中和或均衡等预处理对污水进行调节以便排入受纳水体或二级处理装置。经过一级处理后，污水的 BOD 一般只去除 30% 左右，达不到排放标准，仍需进行二级处理。

二级处理，主要去除污水中呈胶体和溶解状态的有机污染物质，主要采用生物处理等方法，BOD 去除率可达 90% 以上，处理水可以达标排放。

三级处理，是在一级、二级处理的基础上，对难降解的有机物、磷、氮等营养性物质进一步处理。三级处理有时也称为深度处理，但两者又不完全相同，三级处理常用于二级处理之后，而深度处理则以污水的再生、回用为目的，是在一级或二级处理后增加的处理工艺。污水再生回用的范围很广，从工业上的重复利用、水体的补给水源到成为生活杂用水等。

3. 污水处理工艺流程

污水处理工艺流程是用于某种污水处理的工艺方法的组合。如图 1-1 所示的是城市污水处理工艺的典型流程。由于 BOD 物质是城市污水的主要去除对象，因此处理系统的核心是生物处理设备。

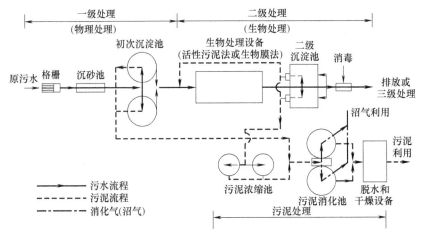

图 1-1　城市污水处理的典型工艺流程

【考核评价】

情境一　考核评价表

学生信息		考核项目及赋分									
		基本项及赋分					技能项及赋分	加分项及赋分			情境考核及赋分
学号	姓名	出勤(5)	态度(5)	回答基本问题(20)	合作(3)	劳动(2)	解读工艺流程图(20)	回答探索问题(15)	综合任务(15)	组长(5)	综合考核(10)
1											
2											
3											
*											

【归纳提升】

一、应知应会

1. 名词解释

污水　水体污染　水体自净　　BOD　　COD

2. 填空

(1) 造成水体污染的原因主要有：＿＿＿＿＿＿与＿＿＿＿＿＿两类。

(2) 水处理遵循的原则是＿＿＿＿＿＿、＿＿＿＿＿＿、＿＿＿＿＿。

(3) 污处理技术，按处理程度划分，可划分为＿＿＿＿＿、＿＿＿＿＿、＿＿＿＿＿。

(4) 水体污染源有＿＿＿＿＿、＿＿＿＿＿、＿＿＿＿＿。

(5) 水体富营养化的主要原因是＿＿＿＿＿、＿＿＿＿＿大量进入水体造成的。

(6) 水体的自净作用包括＿＿＿＿＿、＿＿＿＿＿和＿＿＿＿＿三种作用。

3. 问答题

（1）试述水污染控制的原则。

（2）污水处理技术各级的处理目标是什么？

（3）水体的人为污染源主要有哪几种，各有什么特点？

二、灵活运用

描述城市污水处理的典型工艺流程。

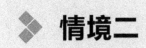

污水的一级处理（预处理）

【情境分析】

　　污水中的悬浮固体、漂浮物、油类物质等污染物，它们在尺寸上和性质上对污水的输送、贮存的设备影响较大，对后续生化处理单元或化学处理单元影响较大，所以通过一级处理（预处理）将它们除去，同时对污水的流量和水质进行调节，以便排入受纳水体或二级处理装置。

子情境一　污水水量水质的调节

【任务描述】

任务目标	1. 知识目标 (1)理解水量水质调节的意义 (2)掌握水量水质调节方法的原理、主要作用 (3)掌握水量水质调节采用的构筑物的类型、构造、工作过程等 2. 能力目标 能够进行均质池的开车、停车操作 3. 素质目标 具备一定的自学、语言表达、计算机应用、沟通合作、组织协调的能力		
基本任务	水量调节	处理方法 构筑物 (1)名称 (2)类型 (3)讲述工作过程	水质调节	处理方法 构筑物 (1)名称 (2)类型 (3)讲述工作过程
技能任务	均质池的开车、停车操作		
探索任务	1. 污水水量水质的不稳定会产生什么影响？ 2. 调节池的主要作用是什么？还可兼有哪些功能？		

【知识链接】

　　一、均衡调节作用
　　调节作用就是减少污水特征上的波动，为污水处理系统提供一个稳定和优化的操作条件；均衡作用通常是在调节的过程中进行混合，使水质得到均匀和稳定。

　　通过调节均衡作用主要达到以下目的：①提供对污水处理负荷的缓冲能力，防止处理系统负荷的急剧变化；②减少进入处理系统的污水流量的波动，使处理污水时所用化学药品的投加速度稳定，适合投药设备的投加能力；③调节污水的pH值，稳定水质，并可减少中和作用中化学品的消耗量；④防止高浓度的有毒物质进入生物化学处理系统；⑤当工厂或其他系统暂时停止排放污水时，能对处理系统继续输入污水，保证系统正常运行；⑥当污水处理系统发生故障时，调节池可起到临时事故贮水池的作用。

　　污水的均衡调节作用可以通过设在污水处理系统之前的调节池来实现。利用调节池，对污水的水质、水量进行均衡调节是污水处理系统稳定运行的保证条件。

　　二、均量池

　　污水处理中有两种调节水量的方式，一种为线内调节（见图2-1），调节池进水一般采用重力流，出水用泵提升，池中最高水位不高于进水管的设计水位，有效水深一般为2～3m，最低水位为死水位；另一种为线外调节（见图2-2），调节池设在旁路上，当污水流量过高时，多余污水用泵打入调节池，当流量低于设计流量时，再从调节池回流至集水井，并送去后续处理。与线内调节相比，线外调节池不受进水管高度限制，但被调节水量需要两次提升，消耗动力大。

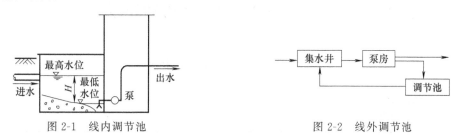

图2-1　线内调节池　　　　　　　　　　图2-2　线外调节池

　　三、均质池

　　调节水质是对不同时间或不同来源的污水进行混合，使流出的水质比较均匀。调节水质的基本方法有两种。

　　1. 外加动力调节

　　如图2-3所示为一种外加动力的水质调节池（强制调节池）。外加动力就是采用外加叶轮搅拌、鼓风空气搅拌、水泵循环等设备对水质进行强制调节，它的设备比较简单，运行效果好，但运行费用高。

　　2. 采用差流方式调节

　　采用差流方式进行水质强制调节，使不同时间和不同浓度的污水依靠自身水力混合，基本上没有运行费用，但设备较复杂。

　　（1）对角线调节池　差流方式的调节池类型很多，常用的有对角线调节池。对角线调节池的特点是出水槽沿对角线方向设置，污水由左右两侧进入池内后，经过一定时间的混合才流到出水

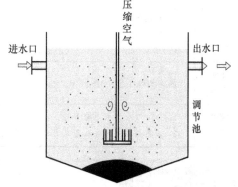

图2-3　外加动力调节池

槽，使出水槽中的混合污水在不同的时间内流出，就是说不同时间、不同浓度的污水进入调节池后，就能达到自动调节均和水质的目的。对角线调节池如图2-4所示。

（2）折流调节池　折流调节池如图 2-5 所示。在池内设置许多折流隔墙，污水在池内来回折流，在池内得到充分混合、均衡。折流调节池配水槽设在调节池上，水通过许多孔口流入，投配到调节池的前后各个位置内，调节池的起端流量一般控制在总流量的 1/3～1/4，剩余的流量可通过其他投配口等量地投入池内。折流调节池，一般只能调节水质而不能调节水量，调节水量的调节池需要另外设计。

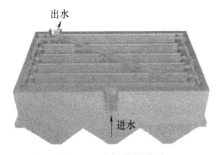

图 2-4　对角线调节池

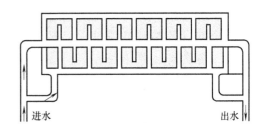

图 2-5　折流调节池

子情境二　污水中油类物质的去除

学习单元一　污水中浮油的去除

【任务描述】

任务目标	1. 知识目标 (1)理解去除污水中油类物质的意义 (2)了解含油污水的来源、油类的存在状态 (3)掌握污水中浮油的去除方法、构筑物的类型、构造、工作过程等 2. 能力目标 能够进行隔油池的开车、停车操作 3. 素质目标 具备一定的自学、语言表达、计算机应用、沟通合作、组织协调的能力
基本任务	1. 处理方法 2. 构筑物 (1)名称　　　　　(2)类型　　　　　(3)讲述工作过程
技能任务	隔油池的开车、停车操作
探索任务	1. 含油污水的来源有哪些？ 2. 油类在水中的存在形式有哪些？各有什么特点？

【知识链接】

一、含油污水的特征

含油污水主要来源于石油、石油化工、钢铁、焦化、煤气发生站、机械加工等工业企业。油脂加工、肉类加工等污水中也含有很高的油脂。含油污水的含油量及其特征，随工业种类不同而异，同一种工业也因生产工艺、设备和操作条件不同而含油量相差较大。

油类在水中的存在形式可分为以下 4 类：①浮油，油珠粒径较大，一般大于 $100\mu m$，易浮于水面，形成油膜或油层；②分散油，油珠粒径一般为 $10\sim100\mu m$，以微小油珠悬浮与水中，不稳定，静置一定时间后往往形成浮油；③乳化油，油珠粒径小于 $10\mu m$，油珠成为稳定的乳化液，一般为 $0.1\sim2\mu m$，往往因水中含有表面活性剂，使油珠成为稳定的乳化液；④溶解油，油珠粒径比乳化油还小，有的可小到几纳米，是溶于水的油微粒。宜采用重力分离法去除浮油，采用气浮法、混凝沉淀法等去除乳化油。

二、隔油池

隔油池主要用于对污水中浮油的处理、清除的过程。隔油过程在隔油池中进行。

1. 平流式隔油池

平流式隔油池（见图 2-6）平面呈长方形，污水从池一端流入，从另一端流出。在池中由于流速降低，相对密度小于 1.0 而粒径较大的油珠上浮到水面，相对密度大于 1.0 的杂质沉于池底。在出水一侧的水面上设有集油管，用于将浮油排至池外。大型隔油池内设有刮油刮泥机，用以推动水面浮油和刮集池底沉渣。刮集到池前部泥斗中的沉渣通过排泥管适时排出。

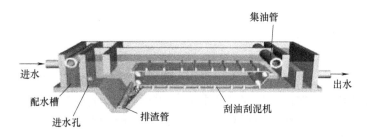

图 2-6　平流式隔油池

污水在隔油池内的停留时间 $1.5\sim2.0h$，水平流速很低，一般为 $2\sim5mm/s$，最大不超过 $10mm/s$，以利于油品的上浮和泥渣的沉降。池长和池深之比小于 4。

平流隔油池构造简单，便于运行管理，除油效果稳定，但池体大，占地面积大。这种隔油池可能去除的最小油珠粒径，一般不低于 $150\mu m$。其除油率一般为 $60\%\sim80\%$，粒径 $150\mu m$ 以上的油珠均可除去。其优点是构造简单，运行管理方便，除油效果稳定；缺点是体积大，占地面积大，处理能力低，排泥难，出水中仍含有乳化油和吸附在悬浮物上的油分，一般很难达到排放要求。

2. 斜板隔油池

斜板隔油池（见图 2-7）是在隔油池内设置波纹形斜板，间距宜采用 40mm，倾角应不小于 45°。污水沿板面向下流动，从出水堰排出。污水中油珠沿板的下表面向上流动，经集油管收集排出。水中悬浮物沉降到斜板上表面，滑落入池底部，经排泥

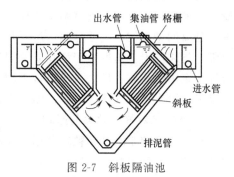

图 2-7　斜板隔油池

管排出。隔油池油水分离效率高，可去除粒径不小于 $60\mu m$ 的油珠。污水在池内的停留时间，约为平流隔油池的 $1/4\sim1/2$，一般不超过 30min。

学习单元二　污水中乳化油的去除

【任务描述】

任务 目标	1. 知识目标 (1)掌握污水中乳化油去除方法的原理、类型、应用范围 (2)掌握污水中乳化油去除不同方法的设备的构造、工作过程等 2. 能力目标 能够完成气浮工艺操作 3. 素质目标 具备一定的自学、语言表达、计算机应用、沟通合作、组织协调的能力
基本 任务	1. 实现气浮应满足的基本条件是什么？ 2. 加压溶气气浮法有几种流程？加压溶气气浮系统由几部分组成？每部分的作用是什么？
技能 任务	气浮工艺操作
探索 任务	1. 充气气浮法的原理、常用的设备 2. 电解气浮法的原理、常用的设备

【知识链接】

一、气浮法概述

气浮法亦称浮选，它是通过某种方法产生大量的微细气泡，使其与污水中密度接近于水的固体或液体污染物颗粒黏附，形成密度小于水的浮体，上浮至水面形成浮渣，进行固液或液液分离的一种方法。气浮法的处理对象是靠自然沉降和上浮难以去除的乳化油或相对密度近于 1 的微小悬浮颗粒。

在污水处理中，气浮广泛应用于分离水中细小悬浮物、藻类和微絮体等；代替二次沉淀池，分离和浓缩剩余活性污泥；回收含油污水中的悬浮油和乳化油；回收工业污水中的有用物质，如造纸污水中的纸浆纤维等。

二、气浮法基本原理

1. 水中悬浮颗粒与气泡黏附的条件

气浮过程包括微小气泡的产生、微小气泡与固体或液体颗粒的黏附，以及上浮分离等步骤。实现气浮分离必须满足两个条件：一是向水中提供足够数量的微小气泡；二是使气泡黏附于分离的悬浮物而上浮分离。后者是气浮的最基本条件。水中产生气泡后，并非任何悬浮物都能与之黏附。这取决于该物质的润湿性，即被水润湿的程度。通常将容易被水润湿的物质称为亲水性物质；反之，难以被水润湿的物质称为疏水性物质。物质为疏水性，容易与气泡黏附，可直接用气浮法去除。物质为亲水性，不易与气泡黏附。

2. 浮选剂对气浮效果的影响

对于细小的亲水性颗粒，若用气浮法进行分离，需要投加浮选剂，使其表面特征变成疏水性，才可与气泡黏附。浮选剂是一种能改变水中悬浮颗粒表面润湿性的表面活性物质。浮选剂种类很多，按其作用不同，可分为捕收剂、起泡剂、调整剂等。另外各种无机和有机高分子混凝剂，不仅可以改变污水中悬浮颗粒的亲水性能，而且还能使污水中的细小颗粒絮凝成较大的絮体以吸附、截留气泡，加速颗粒上浮。

3. 微气泡的数量和分散度对气浮效果的影响

在气浮过程中，需要形成大量的微细而均匀的气泡作为载体，与被浮选物质吸附。气浮效果的好坏，在很大程度上取决于水中空气的溶解量、饱和度、气泡的分散程度及稳定性。气泡越多，分散度越高，则气泡与悬浮粒接触、黏附的机会越多，气浮效果越好。水面上的泡沫应保持一定程度的稳定性，但又不能过于稳定，过分稳定的泡沫难以运送和脱水。泡沫最适宜的稳定时间为数分钟。为此，在污水中应含有一定浓度的表面活性物质。

三、加压溶气气浮法及其设备

1. 概述

溶气气浮法是依靠水中过饱和空气在减压时以微细的气泡释放出来，从而使水中的杂质颗粒被黏附而上浮。溶气气浮法形成的气泡直径只有 $80\mu m$ 左右，并且在操作过程中可人为控制气泡与污水的接触时间，净化效果好。目前，应用较为广泛的是加压溶气气浮法。

2. 加压溶气气浮的操作原理

在加压情况下，将空气溶解在污水中达到饱和状态，然后骤然减至常压，这时溶解在水中的空气就处于过饱和状态，以极微小的气泡释放出来。悬浮颗粒就黏附于气泡周围而随其上浮，在水面上形成浮渣，然后由刮渣机清除，使污水得到净化。

3. 加压溶气气浮的基本流程

根据污水中所含悬浮物的浓度、种类、性质以及处理水净化程度和加压方式的不同，其基本流程可分为以下 3 种。

（1）全溶气气浮法　全部污水加压溶气气浮法工艺流程如图 2-8 所示。它是将全部污水用水泵加压，在泵前或泵后注入空气。全部污水在溶气罐内加压至 $3\sim4atm$（$1atm=101325Pa$），使空气溶解于污水中，然后通过减压阀将污水送入气浮池。在污水中形成的许多微小气泡，与污水中的悬浮物黏附，逸出水面，在水面上形成浮渣，用刮板将浮渣刮入浮渣槽，经排渣管排出池外。其特点如下：溶气量大，增多了悬浮颗粒与气泡的接触机会；在处理水量相同的条件下，它较部分回流溶气气浮法所需的气浮池小，可减少基建投资；若处理含油污水，因全部污水加压，会增加含油污水的乳化程度，而且所需的压力泵和溶气罐的容积均较大，因此设备投资和动力消耗较大；若气浮前进行混凝处理，则混凝所形成的絮体在加压与减压过程中易破碎，影响混凝效果。

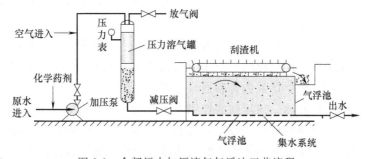

图 2-8　全部污水加压溶气气浮法工艺流程

（2）部分溶气气浮法　部分溶气气浮法是取部分污水加压溶气，通常加压溶气水占总污水量的 $15\%\sim40\%$。其余污水直接进入气浮池与溶气水混合，如图 2-9 所示。

部分溶气气浮法特点：较全溶气气浮法动力消耗低；处理含油污水时，压力泵所造成的

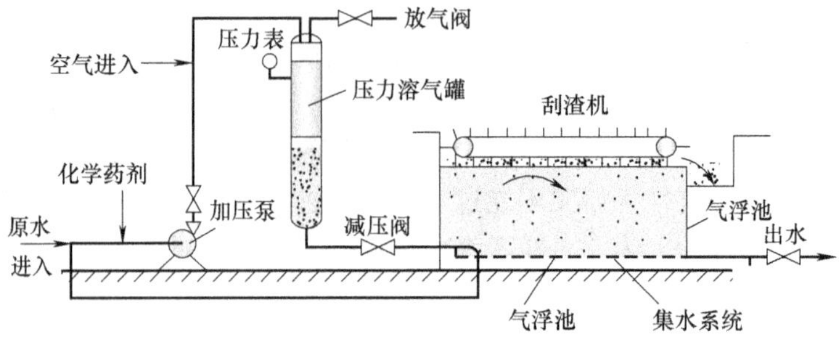

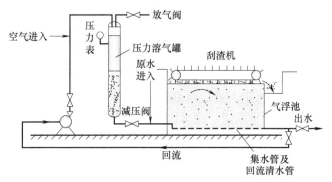

图 2-9　部分溶气气浮法工艺流程

乳化油量较全溶气气浮法少；气浮池容积与全溶气气浮法相同，但较部分回流溶气气浮法小。

（3）部分回流溶气气浮法　部分回流溶气气浮法流程如图 2-10 所示。它是取一部分处理后的澄清出水回流进行加压溶气，溶气水减压后直接进入气浮池，与入流污水混合浮选。回流溶气水量一般为污水量的 25%～50%。其特点如下：加压水量少，动力消耗省；若处理含油污水，气浮过程不促进乳化；对混凝处理的效果影响小；气浮池容积较前两种大。为了提高气浮的处理效果，需要向污水中投加混凝剂或浮选剂，投加量因水质不同而异，一般应通过试验确定。

图 2-10　部分回流溶气气浮法工艺流程

4. 加压溶气气浮系统设备

（1）加压泵与空气供给设备　加压泵用于提升污水，并对水气混合物加压，使受压空气溶于水中。

（2）压力溶气罐　压力溶气罐是用钢板卷制而成的耐压钢罐，为了提高溶气效率，罐内常设若干隔板或装填填料。溶气罐的运行压力为 0.2～0.4MPa，混合时间为 2～5min。为保持罐内的最佳液位，常采用浮球液位传感器自动控制罐内液位。

（3）减压阀和溶气释放器　减压阀的作用在于保持溶气罐出口处的压力恒定，从而可以控制溶气水出罐后产生气泡的粒径和数量。目前多采用溶气释放器代替减压阀，溶气释放器可将溶气水骤然消能、减压，使溶入水中的气体以微气泡的形式释放出来。

（4）气浮池　加压溶气气浮池一般有平流式和竖流式两种类型。其作用是确保一定的容积和池表面积，使微气泡群与水中絮凝体充分混合、接触、黏附，以及带气絮体与清水分离。

① 平流式气浮池。平流式气浮池如图 2-11 所示。

　　污水进入反应池完成反应后，将水流导向底部，以便从下部进入气浮接触室，延长絮体与气泡的接触时间；池面浮渣刮入集渣槽，清水由池底部集水管集取。其优点是池身浅、造价低，构造简单，管理方便；缺点是与后续构筑物在高程上配合较困难，分离部分的容积利用率不高。

　　② 竖流式气浮池。如图 2-12 所示。其优点是接触室在池中央，水流向四周扩散，水力条件比平流式单侧出流要好；缺点是与反应池较难衔接，容积利用率低。

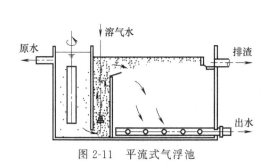

图 2-11　平流式气浮池

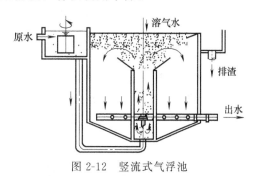

图 2-12　竖流式气浮池

子情境三　污水中较粗大悬浮物的去除

【任务描述】

任务目标	1. 知识目标 (1)理解污水中较粗大悬浮物去除的意义 (2)掌握污水中较粗大悬浮物去除方法的原理、主要构筑物 (3)掌握去除方污水中较粗大悬浮物的构筑物的类型、构造、工作过程等 2. 能力目标 能够进行格栅的运行操作 3. 素质目标 具备一定的自学、语言表达、计算机应用、沟通合作、组织协调的能力
基本任务	1. 处理方法
	2. 构筑物 (1)名称 (2)每类构筑物的类型、适用范围、放置的位置 (3)讲述每种构筑物的工作过程
技能任务	格栅运行操作
探索任务	1. 为什么要去除污水中较粗大的悬浮物？ 2. 格栅和筛网在哪些方面有区别？

【知识链接】

一、筛滤作用

　　筛滤是指去除污水中粗大的悬浮物和杂物，以保护后续处理设施能正常运行的一种预处理方法。筛滤的构件包括金属棒、金属条、金属网、金属网格或金属穿孔板。其中由平行的金属棒和金属条构成的称为格栅；由金属丝织物或金属穿孔板构成的称为筛网。

格栅去除的是可能堵塞水泵机组及管道阀门的较粗大的悬浮物，而筛网去除的是用格栅难以去除的呈悬浮状的细小纤维。

二、格栅

格栅一般安装在污水处理流程的前端，用以截留污水中较大的悬浮物、漂浮物、纤维物质和固体颗粒物质等，以保证后续处理构筑物的正常运行和减轻处理负荷。被截流的物质称为栅渣，其含水率约为 70%～80%，容重约为 750g/m³。

根据格栅上截留物清除方法的不同，可将格栅分为人工清除格栅和机械格栅两类。当截留物量大时，一般应采用机械清渣，以减少工人劳动量。

1. 人工清除格栅

人工清除格栅只适用于污水处理量不大或截留的污染物量较少的场合。格栅与水平成 45°～60°倾角安装，栅条间距视污水中固体颗粒的大小而定，污水从间隙流过，固体颗粒被截留，然后用人工定期清除。图 2-13 为人工清除格栅示意图。

图 2-13　人工清除格栅

2. 机械格栅

机械格栅适用于大型污水处理厂和需要经常清除大量截留物的场合，一般与水平面成 60°～70°倾角安装。

（1）链条式格栅除污机　链条式格栅除污机如图 2-14 所示。

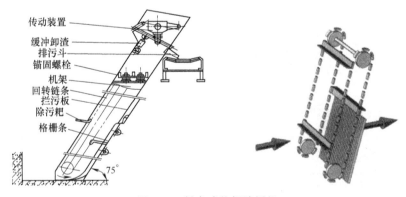

传动装置
缓冲卸渣
排污斗
锚固螺栓
机架
回转链条
拦污板
除污耙
格栅条
75°

图 2-14　链条式格栅除污机

该格栅是经转动装置上的两条回转链条循环转动，固定在链条上的除污耙在随链条循环转动的过程中，将栅条上截流的栅渣提升上来后，由缓冲卸渣装置将除污耙上的栅渣刮下，栅渣掉入排污斗排出。链条式格栅除污机适用于池深度较小的中小型污水处理厂。链条式格栅除污机如图 2-14 所示。

（2）循环式齿耙格栅机　循环式齿耙格栅机如图 2-15 所示。

该格栅的特点是无格栅条，格栅由许多小齿耙相互连接组成一个巨大的旋转面。工作时

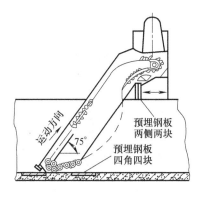

图 2-15　循环式齿耙格栅机

经转动装置带动这个由小齿耙组成的旋转面循环转动，在小齿耙循环转动的过程中，将截流的栅渣带出水面至格栅顶。栅渣通过旋转面的运行轨迹变化完成卸渣过程。循环齿耙除污机属细格栅，格栅间隙可做到 0.5～15mm，此类格栅适用于中小型污水处理厂。

（3）钢丝绳牵引式格栅除污机　如图 2-16 所示。该除污机的转动装置带动两根钢丝绳牵引除渣耙，耙和滑块沿槽钢制的轨道移动，靠自重下移到低位后，耙的自锁栓碰开自锁撞块，除渣耙向下摆动，耙齿插入格栅间隙，然后由钢丝绳牵引向上移动，清除栅渣。除渣耙上移到一定位置后，抬耙导轨逐渐抬起，同时刮板自动将耙上的栅渣刮到栅渣槽中。此类格栅适用于中小型污水处理厂。

三、筛网

某些悬浮物用格栅不能截留，也难通过重力沉降去除，常会给后续处理构筑物或设备带来麻烦，可采用筛网过滤来分离和回收。筛网一般由

图 2-16　钢丝绳牵引式格栅除污机

金属丝织物或穿孔板构成，孔眼直径为 0.5～1.0mm。筛网主要用于去除纺织、造纸、制革、洗毛等工业污水中所含细小纤维状的悬浮物质。

1. 转鼓式筛网

图 2-17 所示是用于从制浆造纸工业污水中回收纸浆纤维的转鼓式筛网。转鼓绕水平轴旋转，鼓面圆周线速度约为 0.5m/s。污水由鼓外进入，通过筛网的孔眼过滤，流入鼓内。纤维被截留在鼓面上，在其转出水面后经挤压轮挤压脱水，再用刮刀刮下回收。筛网孔眼的大小，按每平方米筛网截留 20～70g 纤维来考虑确定。

2. 水力旋转筛网

如图 2-18 所示。

水力旋转筛网由锥筒旋转筛和固定筛组成。锥筒旋转筛呈截头圆锥形，中心轴水平，水从圆锥体的小端流入，从筛孔流入集水装置，在从小端流到大端的过程中纤维状的杂物被筛网截留，被截留的杂物沿筛网的斜面落到固定筛上，进一步脱水。旋转筛的小端用不透水的材料制成，内壁有固定的导水叶片，当进水射向导水叶片时推动锥筒旋转。

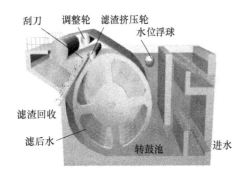

图 2-17 转鼓式筛网

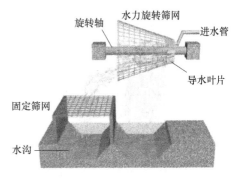

图 2-18 水力旋转筛网

子情境四 污水中可沉固体物质的去除

【任务描述】

任务 目标	1. 知识目标 (1)理解污水中可沉固体物质去除的意义 (2)掌握去除污水中可沉固体物质方法的原理、构筑物 (3)掌握去除污水中可沉固体物质构筑物的类型、构造、工作过程等 2. 能力目标 能够进行沉砂池、初沉池的运行管理 3. 素质目标 具备一定的自学、语言表达、计算机应用、沟通合作、组织协调的能力
基本 任务	1. 去除污水中可沉固体物质的方法 2. 若要去除污水中的泥砂、煤渣等密度较大的无机颗粒 (1)采用的构筑物的名称 (2)这种构筑物的类型,讲述每种类型构筑物的工作过程 (3)一般这种构筑物设置的位置 (4)这种构筑物的主要作用 3. 若要分离水中的悬浮颗粒 (1)采用的构筑物的名称 (2)构筑物的类型,讲述每种类型构筑物的工作过程 ①按水流方向不同,这种构筑物的类型 ②按工艺布置不同 a. 这种构筑物如果设置在生物处理构筑物的前面 (a)名称　　　(b)主要去除对象　　　(c)主要作用 b. 这种构筑物如果设置在生物处理构筑物的后面 (a)名称　　　(b)主要去除对象
技能 任务	1. 沉砂池(曝气沉砂池)的运行管理 2. 初沉池的操作及日常管理
探索 任务	1. 沉淀有哪些基本类型? 各自的特点是什么? 2. 不同类型沉淀池的优缺点比较

【知识链接】

一、沉淀法概述

沉淀是水中悬浮颗粒在重力作用下下沉，从而与水分离，使水得到澄清的方法。这种方法简单易行，分离效果好，在水处理过程中，几乎是不可缺少的重要工艺技术。

沉淀可以去除污水中的砂粒、化学沉淀物、混凝处理所形成的絮体和生物处理的污泥，也可用于沉淀污泥的浓缩。

根据水中悬浮颗粒的浓度、性质及其凝聚特性的不同，沉淀现象通常可分为以下类型。

（1）自由沉淀 水中悬浮物浓度不高，不具有凝聚的性能，也不互相黏合、干扰，其形状、尺寸、密度等均不改变，下沉速度恒定。如在沉砂池中，砂粒的沉降便是典型的自由沉淀。

（2）絮凝沉淀 当水中的悬浮物浓度不高但有凝聚性时，沉淀过程中悬浮物颗粒相互凝聚，其粒径和质量增大，沉淀速度加快，并随深度而增加。经过化学混凝的水中颗粒的沉淀即属絮凝沉淀。

（3）拥挤沉淀 当水中悬浮物的浓度比较高时，在沉淀过程中，发生颗粒间的相互干扰，悬浮物颗粒互相牵扯形成网状"絮毯"整体下沉，在颗粒群与澄清水层之间存在明显的交界面，并逐渐向下移动，因此又称成层沉淀。活性污泥法后的二次沉淀池以及污泥浓缩池中的初期情况均属这种沉淀类型。

（4）压缩沉淀 当悬浮固体浓度很高时，颗粒互相接触，互相支撑，在上层颗粒的重力作用下，下层颗粒间隙中的水被挤出，颗粒相对位置不断靠近，颗粒群体被压缩。污泥浓缩池中污泥的浓缩过程属此沉淀类型。

二、沉砂池

沉砂池的作用是去除密度较大的无机颗粒。一般设在污水处理厂的前端，以减轻无机颗粒对水泵和管道的磨损；也可设在初次沉淀池前，以减轻沉淀池负荷及改善污泥处理构筑物的处理条件。常用的沉砂池有平流式沉砂池、曝气沉砂池和钟式沉砂池。

1. 平流式沉砂池

平流式沉砂池如图 2-19 所示。平流式沉砂池由入流渠、出流渠、闸板水流部分及沉砂斗组成，水流部分实际上是一个加深加宽的明渠，闸板设在两端，以控制水流，池底设 1～2 个沉砂斗，利用重力排砂，也可用射流泵或螺旋泵排砂。污水在池内沿水平方向流动，具有截留无机颗粒效果好、工作稳定、构造简单和排砂方便等优点。

2. 曝气沉砂池

曝气沉砂池如图 2-20 所示。曝气沉砂池呈矩形，池底一侧设有集砂槽。曝气装置设在集砂槽一侧，使池内水流产生与主流垂直的横向旋流运动，无机颗粒之间的互相碰撞与摩擦机会增加，磨去表面附着的有机物。此外，在旋流产生的离心力作用下，相对密度较大的无机颗粒被甩向外层并下沉，相对密度较小的有机物旋至水流中心部位随水带走，使沉砂池中的有机物含量低于 10％。集砂槽中的砂可采用机械刮砂、

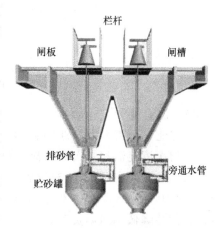

图 2-19 平流式沉砂池

空气提升器或泵吸式排砂机排除。曝气沉砂池的优点是可以通过调节曝气量，控制污水的旋流速度，使除砂效率较稳定，受流量变化影响较小，同时，还对污水起预曝气作用。

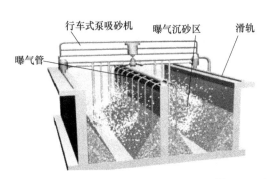

图 2-20　曝气沉砂池

3. 钟式沉砂池

钟式沉砂池如图 2-21 所示。它是利用机械力控制水流流态，加速砂粒的沉淀，并使有机物随水流带走的沉砂装置。沉砂池由流入口、流出口、沉砂区、砂斗、砂提升管、排砂管、压缩空气输送管、电动机及变速箱组成。污水由流入口切线方向流入沉砂区，利用电动机及传动装置带动转盘和斜坡式叶片，在离心力的作用下，污水中密度较大的砂粒被甩向池壁，掉入砂斗，有机物则留在污水中。调整转速，可获最佳沉砂效果。沉砂用压缩空气经砂提升管、排砂管清洗后排出，清洗水回流至沉砂池。根据设计污水量的大小，钟式沉砂池可分为不同型号。

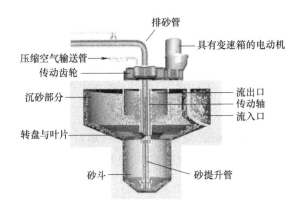

图 2-21　钟式沉砂池

三、沉淀池

沉淀池是分离水中悬浮颗粒的一种主要处理构筑物。按工艺布置的不同，沉淀池主要分为初次沉淀池和二次沉淀池。初次沉淀池是污水一级处理的主体处理构筑物，或作为污水二级处理的预处理构筑物，设在生物处理构筑物的前面。处理对象是悬浮物质（约去除 40%～55%），同时去除部分 BOD，（约去除 20%～30%），可以改善生物处理的运行条件并降低 BOD_5 负荷；二次沉淀池设在生物处理构筑物的后面，用于沉淀去除活性污泥或腐殖污泥。

1. 平流式沉淀池

平流式沉淀池如图 2-22 所示。

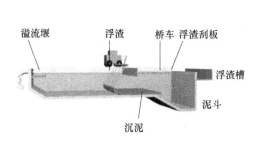

图 2-22　设有行车式刮泥机的平流式沉淀池

　　平流式沉淀池由流入装置、流出装置、沉淀区、缓冲层、污泥区和排泥装置等组成。流入装置由设有侧向或槽底潜孔的配水槽、挡流板组成，起均匀布水和消能作用。流出装置由流出槽和挡板组成。流出槽设自由溢流堰，溢流堰严格要求水平，既可保证水流均匀，又可控制沉淀池水位。因此，溢流堰常采用锯齿堰，如图 2-23（a）所示。为了减少溢流堰负荷，改善出水水质，可采用多槽沿程布置，如需阻挡浮渣随水流走，流出堰可用潜孔出流。锯齿堰及沿程布置出流槽如图 2-23（b）所示。缓冲层可避免已沉污泥被水流搅起和缓解冲击负荷。污泥区起贮存、浓缩和排泥作用。

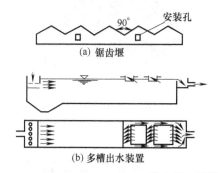

图 2-23　溢流堰及多槽出水装置

排泥方法与装置一般有以下几种。

　　（1）静水压力法　利用池内的静水压力，将泥排出池外，如图 2-24 所示。排泥管插入泥斗，上端伸出水面，以便清通。为了使池底污泥能滑入泥斗，池底应有一定的坡度。

　　（2）机械排泥法　机械排泥常采用的刮泥设备除桥式行车刮泥机（见图 2-22）外，还有链板式刮泥机。被刮入污泥斗的

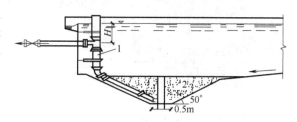

图 2-24　沉淀池静水压力排泥
1—排泥管；2—集泥斗

污泥，可采用静水压力法或螺旋泵排出池外。采用机械排泥法时，平流式沉淀池可采用平底，池深也可大大减小。

平流式沉淀池的优点是有效沉降区大，沉淀效果好，造价较低，对污水流量适应性强；缺点是占地面积大，排泥较困难。

2. 竖流式沉淀池

竖流式沉淀池可为圆形或正方形。为了池内水流分布均匀，池径不大于10m，一般采用4~7m。沉淀区呈柱形，污泥斗为截头倒锥体，如图2-25所示。污水从中心管自上而下，通过反射板折向上流，沉淀后的出水由设于池周的锯齿溢流堰溢入流出槽。如果池径大于7m，一般可增设辐射方向的流出槽。流出槽前设挡渣板，隔除浮渣。污泥依靠静水压力从排泥管排出池外。竖流式沉淀池具有排泥容易，不需设机械刮泥设备，占地面积较小，可作为二次沉淀池等优点；缺点是造价较高，单池容量小，池深大，施工较困难。因此，竖流式沉淀池适用于处理水量不大的小型污水处理厂站。

3. 辐流式沉淀池

普通辐流式沉淀池（图2-26）是一种圆形的、直径较大而有效水深相对较小的池子，直径一般在20~30m以上，池周水深1.5~3.0m，池中心处为2.5~5.0m，采用机械排泥，池底坡度不小于0.05。辐流式沉淀池的结构如图2-27、图2-28所示。

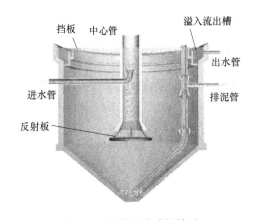

图 2-25　圆形竖流式沉淀池

图 2-26　辐流式沉淀池

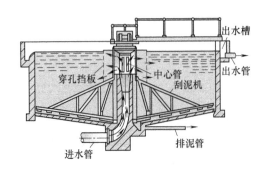

图 2-27　中央进水辐流式沉淀池

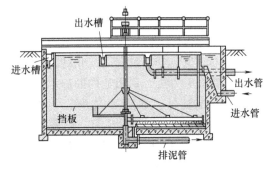

图 2-28　周边进水辐流式沉淀池

污水从池中心处流入，沿半径的方向向池周流出。在池中心处设中心管，污水从池底的进水管进入中心管，在中心管周围设穿孔挡板，使污水在沉淀池内得以均匀流动。出水堰亦采用锯齿堰，堰前设挡板，拦截浮渣。刮泥机由桁架和转动装置组成，当池径小于 20m 时，用中心转动；当池径大于 20m 时，用周边转动，将沉淀的污泥推入池中心的污泥斗中，然后借助静水压力或污泥泵排出池外。

辐流式沉淀池的优点是建筑容量大，采用机械排泥，运行较好，管理较简单；缺点是池中水流速度不稳定，机械排泥设备复杂，造价高。辐流式沉淀池适用于处理水量大的场合。

4. 斜板（管）式沉淀池

（1）斜板（管）沉淀池的理论基础　在池长为 L，池深为 H，池中水平流速为 V，颗粒沉速为 u_0 的沉淀池中，当水在池中的流动处于理想状态时，则 $L/H = V/u_0$。在 L 与 V 值不变时，池深 H 越浅，可被沉淀去除的颗粒的沉速 u_0 也越小。如在池中增设水平隔板，将原来的 H 分为多层，例如分为 3 层，则每层深度为 $H/3$，如图 2-29（a）所示，在 V 与 u_0 不变的条件下，则只需 $L/3$，就可将沉速为 u_0 的颗粒去除，即池的总容积可减小到 1/3。如果池的长度不变，如图 2-29（b）所示，由于池深为 $H/3$，则水平流速 V 增大为 $3V$，仍可将沉速为 u_0 的颗粒沉淀到池底，即处理能力可提高 3 倍。在理想条件下，将沉淀池分成 n 层，可将处理能力提高 n 倍，这就是"浅池沉淀"理论。

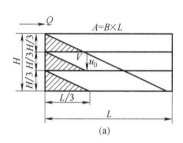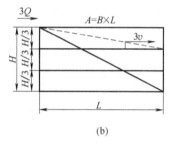

图 2-29　浅池沉淀理论

（2）斜板（管）沉淀池的构造　斜板（管）沉淀池（图 2-30）是根据"浅池沉淀"理论，在沉淀池内加设斜板或蜂窝斜管，以提高沉淀效率的一种沉淀池。按水流与污泥的相对方向，斜板（管）沉淀池可分为异向流、同向流和侧向流三种形式，在城市污水处理中主要采用升流式异向流斜板（管）沉淀池，如图 2-31 所示。

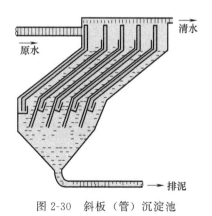

图 2-30　斜板（管）沉淀池

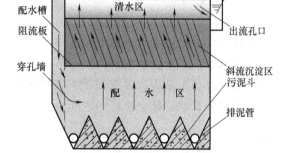

图 2-31　升流式斜板沉淀池

【考核评价】

情境二　考核评价表

学生信息		考核项目及赋分										
		基本项及赋分						技能项及赋分	加分项及赋分			情境考核及赋分
学号	学生姓名	出勤(5)	态度(5)	方案(10)	基本问题(15)	合作(3)	劳动(2)	设备操作(20)	探索问题(15)	拓展任务(10)	组长(5)	综合考核(10)
1												
2												
3												
*												

【归纳提升】

一、应知应会

1. 填空题

（1）格栅一般由一组或多组互相平行的_____、_____组成，倾斜或直立在进水渠道中。

（2）调节处理一般按主要调节功能分为_____和_____两类。

（3）常用的沉砂池有_____、_____和_____；常用的隔油池有：_____与_____。

（4）气浮处理方法按气泡产生方式的不同分为_____、_____及_____三类。

（5）沉淀的类型有_____、_____、_____、_____。

（6）实现气浮必须满足的两个基本条件是_____。

（7）沉淀池可分为_____、_____、_____、_____四种类型。

（8）采用曝气沉砂池，可使沉砂中有机物的含量降至_____以下。

2. 问答题

（1）曝气沉砂池具有什么特点？

（2）平流式沉淀池的机械排泥装置有哪几种？各有什么特点？

二、灵活运用

1. 怎样进行格栅的运行维护？

2. 曝气沉砂池的基本运行参数有哪些？

3. 影响初沉池运行的主要因素有哪些？

4. 加压溶气气浮法的常规运行参数有哪些？

5. 气浮法日常运行管理有哪些注意事项？

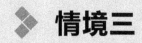

情境三

污水的二级处理（生物处理）

　　水体中存在的有机物质的共同特点是要进行生物氧化分解，需要消耗水中的溶解氧，从而导致水体缺氧；同时会发生腐败发酵，使细菌滋生，恶化水质，破坏水体；工业用水的有机污染，还会降低产品的质量。有机物质是引起水体污染的主要原因之一。

　　污水经一级处理后，用生物处理法继续去除其中胶体状和溶解性的有机物及植物营养物，将污水中各种复杂有机物氧化分解为简单物质的过程，即为二级处理，又称生物处理。

子情境一　了解生物处理法

【任务描述】

任务目标	1. 知识目标 (1)理解污水二级处理的目的 (2)了解污水生物处理的方法、类型及常用的生物处理方法 (3)理解好氧生物处理法与厌氧生物处理法的区别 2. 素质目标 具备一定的自学、语言表达、计算机应用、沟通合作、组织协调的能力
基本任务	1. 什么是污水的二级处理？ 2. 污水二级处理的方法有哪些？方法分类的依据是什么？ 3. 好氧生物处理法与厌氧生物处理法的区别表现在哪些方面？
综合任务	你了解生物处理法吗？ 利用各种资源、对"基本任务"进行检索，并以小组为单位进行讲述

【知识链接】

一、生物处理方法的分类

　　污水的生物处理主要是通过微生物的新陈代谢作用实现的。从微生物的代谢形式来分，生物处理方法主要可分为好氧生物处理和厌氧生物处理两大类；按照微生物的生长方式，可分为悬浮生长和固着生长两类，即活性污泥法和生物膜法。此外，按照系统的运行方式，可分为连续式和间歇式；按照主体设备的水流状态，可分为推流式和完全混合式等类型。

二、常用的生物处理方法

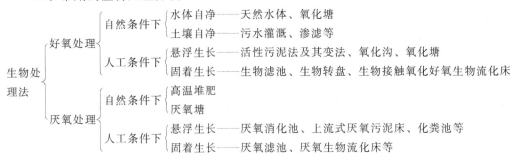

三、好氧生物处理法与厌氧生物处理法的区别

1. 起作用的微生物群不同

好氧生物处理是好氧微生物和兼性厌氧微生物群体起作用，而厌氧生物处理先是厌氧产酸菌和兼性厌氧菌起作用，然后另一类专性厌氧菌，即产甲烷菌进一步消化。

2. 反应速度不同

好氧生物处理由于有氧做受氢体，有机物转化速度快，需要时间短；厌氧生物处理反应速度慢，需要时间长。

3. 产物不同

在好氧生物处理过程中，有机物被转化为 CO_2、H_2O、NH_3、PO_4^{2-} 和 SO_4^{2-} 等；厌氧生物处理中，有机物先被转化为中间有机物，如有机酸、醇类和 CO_2、H_2O 等，其中有机酸又被甲烷菌继续分解。由于能量限制，其最终产物主要是 CH_4，而不是 CO_2，硫被转化为 H_2S，而不是 SO_4^{2-} 等，产物复杂，有异味，其中 CH_4 可用作能源。

4. 对环境要求不同

好氧生物处理要求充分供氧，对环境要求不太严格，厌氧生物处理要求绝对厌氧环境，对 pH 值、温度等环境条件要求甚严。

5. 适用对象

好氧生物处理与厌氧生物处理都能够完成有机污染物的稳定化，前者广泛应用于处理城市污水和有机性工业污水；后者多用于处理高浓度有机污水与污水处理过程中产生的污泥，并已开始用于处理城市污水和低浓度有机污水。

子情境二　污水中有机污染物的好氧生物处理

学习单元一　活性污泥法

【任务描述】

任务目标	1. 知识目标 (1)掌握活性污泥降解污水中有机物的过程、评价活性污泥的指标 (2)掌握活性污泥法基本流程、处理工艺的流程、特征、运行操作、常见异常情况的处理措施 (3)掌握曝气池、曝气设备的类型、特点、工作过程、运行方式等 2. 能力目标 能够完成氧化沟工艺、AB 工艺、SBR 工艺、A^2/O 工艺操作 3. 素质目标 具备一定的自学、语言表达、计算机应用、沟通合作、组织协调的能力

续表

基本 任务	1. 讲述活性污泥法基本流程、活性污泥系统（CAS）的组成及各部分的作用 2. 曝气池 （1）类型 （2）每种类型的特点 （3）讲述其工作过程 3. 曝气设备 （1）类型 （2）讲述其工作过程 4. 处理工艺 利用各种资源查找并讲解下列各处理工艺的工艺流程：传统活性污泥法、阶段曝气法、生物吸附法、完全混合法、AB 法、SBR 法、氧化沟 5. 生物脱氮除磷工艺 （1）原理 （2）讲述常用的生物脱氮工艺的工艺流程 （3）生物除磷的原理 （4）讲述常用的生物除磷工艺的工艺流程 （5）讲述主要的生物脱氮除磷工艺的工艺流程
技能 任务	氧化沟工艺、AB 工艺、SBR 工艺、A^2/O 工艺操作
探索 任务	1. 评价活性污泥的指标有哪些？ 2. 影响活性污泥法的因素有哪些？

【知识链接】

一、活性污泥

1. 概念

活性污泥是活性污泥处理系统中的主体作用物质。它不是传统意义上的泥。在显微镜下，可看到黄褐色的絮状活性污泥由细菌、菌胶团、原生动物、后生动物等微生物群体，及吸附的污水中的有机和无机物质组成，有一定活力，具有良好的净化污水功能。

2. 活性污泥的组成

在活性污泥上栖息着具有强大生命力的微生物群体。这些微生物群体主要由细菌和原生动物组成，也有真菌和以轮虫为主的后生动物。活性污泥的固体物质含量仅占 1% 以下，由四部分组成：①具有活性的生物群（M_a）；②微生物自身氧化残留物（M_e），这部分物质难于生物降解；③原污水带入的不能为微生物降解的惰性有机物质（M_i）；④原污水带入并附着在活性污泥上的无机物质（M_{ii}）。

3. 活性污泥的性质

正常的处理城市污水的活性污泥的外观为黄褐色的絮绒颗粒状，粒径为 0.02～0.2mm，单位表面积可达 2～10m^2/L，相对密度为 1.002～1.006，含水率在 99% 以上。

4. 污水中有机物的去除过程

（1）初期去除与吸附作用 在很多活性污泥系统里，在污水与活性污泥接触后很短的时间（3～5min）内就出现了很高的有机物（BOD）去除率。这种初期高速去除现象是吸附作用所引起的。由于污泥表面积很大，且表面具有多糖类黏质层，因此，污水中悬浮的和胶体的物质是被絮凝和吸附去除的。初期被去除的 BOD 像一种备用的食物源一样，贮存在微生物细胞的表面，经过几小时的曝气后，才会相继被摄入代谢。

（2）微生物的代谢作用 活性污泥微生物以污水中各种有机物作为营养，在有氧条件下，将其中一部分有机物合成新的细胞物质（原生质）；对另一部分有机物则进行分解代谢，即氧化分解以获得合成新细胞所需要的能量，并最终形成 CO_2 和 H_2O 等稳定物质。在新细胞合成与微生物增长的过程中，除氧化一部分有机物以获得能量外，还有一部分微生物细胞物质也在进行氧化分解，并供应能量。活性污泥微生物从污水中去除有机物的代谢过程，主要是由微生物细胞物质的合成（活性污泥增长）、有机物（包括一部分细胞物质）的氧化分解和氧的消耗所组成。当氧供应充足时，活性污泥的增长与有机物的去除是并行的；污泥增长的旺盛时期，即是有机物去除的快速时期。

（3）絮凝体的形成与凝聚沉淀　污水中有机物通过生物降解，一部分氧化分解形成二氧化碳和水，一部分合成细胞物质成为菌体。如果形成菌体的有机物不从污水中分离出去，这样的净化不能算结束。为了使菌体从水中分离出来，现多使用重力沉淀法。如果每个菌体都处于松散状态，由于其大小与胶体颗粒大体相同，那么将保持稳定悬浮状态，沉淀分离是不可能的。为此，必须使菌体凝聚成为易于沉淀的絮凝体。易于形成絮凝体的细菌有动胶菌属、产碱杆菌、无色杆菌、黄杆菌、假单胞菌等，但无论哪一种细菌，都是在一定条件下才能够凝聚的。

5. 活性污泥的评价指标

（1）表示及控制混合液中活性污泥微生物量的指标

① 混合液悬浮固体浓度 MLSS。其又称混合液污泥浓度，它表示的是在曝气池单位容积混合液内所包含的活性污泥固体物质的总质量，表示单位为 mg/L 混合液，或 g/L 混合液、g/m^3 混合液、kg/m^3 混合液。

② 混合液挥发性悬浮固体浓度 MLVSS。其表示混合液活性污泥中有机固体物质的浓度。MLVSS 能够较准确地表示微生物数量，但其中仍包括 M_e 及 M_i 等惰性有机物质，因此，也不能精确地表示活性污泥微生物量，它表示的仍然是活性污泥量的相对值。MLSS 和 MLVSS 都是表示活性污泥中微生物量的相对指标，MLVSS/MLSS 在一定条件下较为固定，对于城市污水，该值在 0.75 左右。

（2）活性污泥沉降性能的评价指标

① 污泥沉降比 SV（30min 沉淀率）。其为混合液在量筒内静置 30min 后所形成的沉淀污泥与原混合液的体积比，以％表示。污泥沉降比 SV 能够反映正常运行曝气池的活性污泥量，可用以控制、调节剩余污泥的排放量，还能通过它及时发现污泥膨胀等异常现象。处理城市污水一般将 SV 控制在 20％～30％之间。

② 污泥容积指数 SVI（污泥指数）。指曝气池出口处混合液经 30min 静沉后，1g 干污泥所形成的沉淀污泥所占有的容积，以 mL 计。SVI 的表示单位为 mL/g，习惯上只称数字，而把单位略去。SVI 值能较好地反映出活性污泥的松散程度（活性）和凝聚、沉淀性能。SVI 值过低，说明泥粒细小紧密，无机物多，缺乏活性和吸附能力。SVI 值过高，说明污泥难以沉淀分离，并使回流污泥的浓度降低，甚至出现"污泥膨胀"，导致污泥流失等后果。一般认为，生活污水的 SVI<100 时，沉淀性能良好；SVI 为 100～200 时，沉淀性能一般；SVI>200 时，沉淀性能不好。

（3）污泥龄（t_s）　污泥龄是曝气池中工作着的活性污泥总量与每日排放的剩余污泥量之比值，单位是 d。在运行稳定时，剩余污泥量也就是新增长的污泥量，因此污泥龄也就是新增长的污泥在曝气池中平均停留时间，或污泥增长一倍平均所需要的时间。

二、活性污泥法

活性污泥法是以活性污泥为主体的污水生物处理技术。活性污泥主要是由大量繁殖的微生物群体所构成，它易于沉淀而与水分离，并能使污水得到净化、澄清。

1. 活性污泥法基本流程

图 3-1 所示为活性污泥法处理系统的基本流程。系统是以活性污泥反应器——曝气池作为核心处理设备，此外还有二次沉淀池（二沉池）、污泥回流系统和曝气与空气扩散系统。

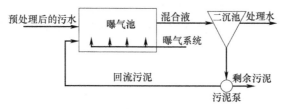

图 3-1　活性污泥法的基本流程系统（传统活性污泥法系统）

在投入正式运行前，在曝气池内必须进行以污水作为培养基的活性污泥培养与驯化工作。经初次沉淀池或水解酸化装置处理后的污水从一端进入曝气池，与此同时，从二次沉淀池连续回流的活性污泥，作为接种污泥，也同步进入曝气池。曝气池内设有空气管和空气扩散装置。由空压机站送来的压缩气，通过铺设在曝气池底部的空气扩散装置对混合液曝气，使曝气池内混合液得到充足的氧气并处于剧烈搅动的状态。活性污泥与污水互相混合、充分接触，使污水中的可溶性有机污染物被活性污泥吸附，继而被活性污泥的微生物群体降解，使污水得到净化。完成净化过程后，混合液流入二沉池，经过沉淀，混合液中的活性污泥与已被净化的污水分离，处理水从二沉池排放，活性污泥在沉淀池的污泥区受重力浓缩，并以较高的浓度由二沉池的吸刮泥机收集流入回流污泥集泥池，再由回流泵连续不断地回流污泥，使活性污泥在曝气池和二沉池之间不断循环，始终维持曝气池中混合液的活性污泥浓度，保证来水得到持续的处理。微生物在降解 BOD 时，一方面产生 H_2O 和 CO_2 等代谢产物，另一方面自身不断增殖，使系统中出现剩余污泥，需要向外排泥。

2. 影响活性污泥法的因素

（1）溶解氧　活性污泥法是需氧的好氧过程。由于活性污泥絮凝体的大小不同，所需要的最小溶解氧浓度也就不一样，絮凝体越小，与污水的接触面积越大，也越易于对氧的摄取，所需要的溶解氧浓度就小；反之絮凝体大，则所需的溶解氧浓度就大。为了使沉淀分离性能良好，较大的絮凝体是所期望的，因此，溶解氧浓度以 2mg/L 左右为宜。

（2）营养物质平衡　参与活性污泥处理的微生物，在其生命活动过程中，需要不断地从其周围环境的污水中吸取其所必需的营养物质，这里包括：碳源、氮源、无机盐类及某些生长素等。对氮、磷的需要量应满足以下比例，即 BOD：N：P＝100：5：1。

（3）pH 值　对于好氧生物处理，pH 值一般以 6.5～9.0 为宜。pH 值低于 6.5，真菌即开始与细菌竞争，降低到 4.5 时，真菌则将完全占优势，严重影响沉淀分离；pH 值超过 9.0 时，代谢速度受到障碍。对于活性污泥法，其 pH 值是对混合液而言。

（4）水温　水温是影响微生物生长活动的重要因素。对于生化过程，一般认为水温在 2～30℃ 时效果最好，35℃ 以上和 10℃ 以下净化效果降低。因此，对高温工业污水要采取降温措施；对寒冷地区的污水，则应采取必要的保温措施。

（5）有毒物质　对生物处理有毒害作用的物质很多。毒物大致可分为重金属、H_2S 等无机物质和氰、酚等有机物质。这些物质对细菌的毒害作用，或是会破坏细菌细胞某些必要的生理结构，或是抑制细菌的代谢进程。

三、曝气池

活性污泥法的核心处理构筑物是曝气池。曝气池是活性污泥与污水充分混合接触，将污水中有机物吸收并分解的生化场所。

曝气池的形式与构造概括起来可以从以下几个方面分类：①从曝气池中混合液的流动形态分，曝气池可以分为推流式、完全混合式和循环混合式；②从平面形状可分为长方廊道形、圆形或方形、环形跑道形三种；③从采用的曝气方法可分为鼓风曝气式、机械曝气式以及前两者联合使用的联合式三种；④从曝气池与二次沉淀池的关系可分为分建式和合建式两种。

1. 推流式曝气池

推流式曝气池见图 3-2。推流式曝气池为长方廊道形池子，常采用鼓风曝气，扩散装置排放在池子的一侧，这样布置可使水流在池中呈螺旋状前进，增加气泡和水的接触时间。为了帮助水流旋转，池侧面两墙的墙顶和墙脚一般都外凸呈斜面。为了节约空气管道，相邻廊道的扩散装置常沿公共隔墙布置。曝气池的数目随污水厂大小和流量而定。

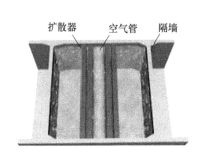

图 3-2　推流式曝气池

曝气池的池长可达 100m。为了防止短流，廊道长度和宽度之比应大于 5，甚至大于 10。为了使水流更好地旋转前进，宽深比不大于 2，常在 1.5～2 之间。池深常在 3～5m。池深与造价和动力费有密切关系，池子深一些，氧的转移效率就高一些，可以降低空气量，但压缩空气的压力将提高；反之空气压力降低，氧转移效率也降低。

曝气池进水口一般淹没在水面以下，以免污水进入曝气池后沿水面扩散，造成短流，影响处理效果。曝气池出水设备可用溢流堰或出水孔。通过出水孔的水流流速一般较小（0.1～0.2m/s），以免污泥受到破坏。在曝气池半深处或距池底 1/3 深处以及池底处设置放水管，前两者备间歇运行（培养污性污泥）时用；后者备池子清洗放空用。

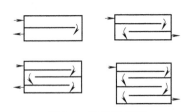

图 3-3　曝气池廊道

曝气池在结构上可以分成若干单元，每个单元包括几个池子，每个池子常由 1～4 个折流的廊道组成。如图 3-3 所示，用单数廊道时，入口和出口在池子的两端；采用双数廊道时，入口和出口在池子的同一端。曝气池的选用取决于污水厂的总平面布置和运行方式，例如生物吸附法常采用双数廊道。上述长方廊道形鼓风曝气池多用于大中型污水处理厂。

2. 完全混合式曝气池

如图 3-4 所示，这是采用较多的一种表面叶轮曝气的完全混合式曝气沉淀池。完全混合式曝气池混合液在池内充分混合循环流动，因而污水与回流污泥进入曝气池后立即与池中所有混合液充分混合，使有机物浓度因稀释而迅速降至最低值。其特点是对入流水质水量的适应能力强，但受曝气系统混合能力的限制，池形和池容都需符合规定，当搅拌混合效果不佳时易发生短流。

完全混合式曝气池常采用叶轮供氧，多以圆形、方形或多边形池子作单元，这是和叶轮所能作用的范围相适应的。改变叶轮的直径，可以适应不同直径（边长）、不同深度的池子需要。长方形曝气池可以分成一系列相互衔接的方形单元，每个单元设置一个叶轮。

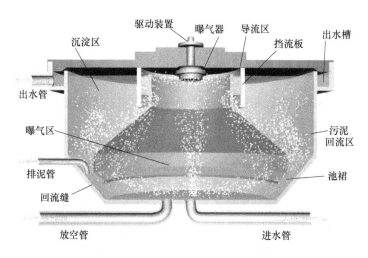

图 3-4　圆形曝气沉淀池

图 3-5 是另一种合建式完全混合曝气沉淀池，它的平面常是方形或长方形，沉淀区仅在曝气区的一边设置，因而曝气时间与沉淀时间之比值，比圆形曝气沉淀池的大些，适合于曝气时间较长的污水处理。为加强液体上下翻动混合，有时设置中心导流筒。

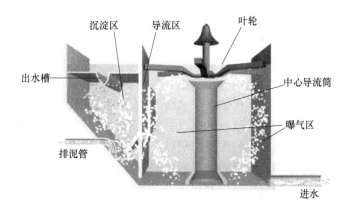

图 3-5　方形曝气沉淀池

由于城市污水水质水量比较均匀，可生化性好，不会对曝气池造成很大冲击，故基本上采用推流式。相比而言，完全混合式适合于处理工业污水。

3. 循环混合式曝气池

循环混合式曝气池主要是指氧化沟。氧化沟的类型很多，在城市污水处理中，采用较多的有卡罗塞氧化沟、T 型氧化沟和 DE 型氧化沟。图 3-6 为普通氧化沟处理系统。图 3-7 为奥贝尔（ORBAL）氧化沟。

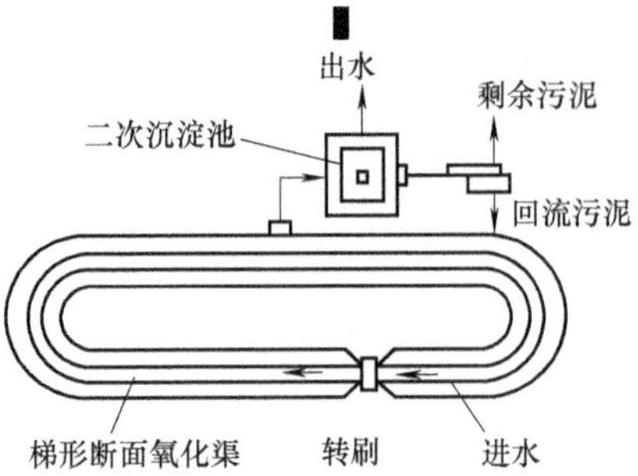

图 3-6 氧化沟处理系统

图 3-7 奥贝尔氧化沟

氧化沟是平面呈椭圆环形或环形"跑道"的封闭沟渠,混合液在闭合的环形沟道内循环流动,混合曝气。入流污水和回流污泥进入氧化沟中参与环流并得到稀释和净化,与入流污水及回流污泥总量相同的混合液从氧化沟出口流入二沉池。处理水从二沉池出水口排放,底部污泥回流至氧化沟。氧化沟不仅有外部污泥回流,而且还有极大的内回流。因此,氧化沟是一种介于推流式和完全混合式之间的曝气池形式,综合了推流式与完全混合式的优点。氧化沟不仅能够用于处理生活污水和城市污水,也可用于处理机械工业污水。处理深度也在加深,不仅用于生物处理,也用于二级强化生物处理。氧化沟的断面可做成梯形或矩形,渠的有效深度常为 0.9~1.5m,有的深达 2.5m。氧化沟多采用转刷供氧,转刷旋转时不仅起曝气的作用,同时还使混合液在池内循环流动。

氧化沟可分为间歇运行和连续运行两种方式。间歇运行适用于处理量少的污水,可省掉二次沉淀池,当停止曝气时,氧化渠作沉淀池使用,剩余污泥通过氧化渠中污泥收集器排除;连续运行适用于水量稍大的污水处理,需另设二次沉淀池和污泥回流系统。

四、曝气设备

1. 曝气方法

活性污泥的正常运行,除要有性能良好的活性污泥外,还必须有充足的溶解氧。通常氧的供应是将空气中的氧强制溶解到混合液中去的曝气过程。曝气过程除供氧外,还起搅拌混合作用,使活性污泥在混合液中保持悬浮状态,与污水充分接触混合。

常用的曝气方法有鼓风曝气、机械曝气和两者联合使用的鼓风机械曝气。鼓风曝气的过程是将压缩空气通过管道系统送入池底的空气扩散装置,并以气泡的形式扩散到混合液,使气泡中的氧迅速转移到液相供微生物需要。机械曝气则是利用安装在曝气池水面的叶轮的转动,剧烈地搅动水面,使液体循环流动,不断更新液面并产生强烈水跃,从而使空气中的氧与水滴或水跃的界面充分接触而转移到液相中去。

2. 曝气设备

(1) 鼓风曝气 鼓风曝气是传统的曝气方法,它由加压设备、扩散装置和管道系统三部分组成。加压设备一般采用回转式鼓风机,也有采用离心式鼓风机的,为了净化空气,其进气管上常装设空气过滤器,在寒冷地区,还常在进气管前设空气预热器。

① 扩散管、扩散盘。扩散管是由多孔陶质扩散管组成的,其内径 44~75mm,壁厚 6~14mm,长 600mm,每 10 根为一组,见图 3-8。通气率为 12~15m³/(根·h)。

扩散盘的种类很多,如图 3-9 所示是我国江苏江都环保器材厂与天津纪庄子污水处理厂共同研制的 WM-180 型网状膜曝气器。

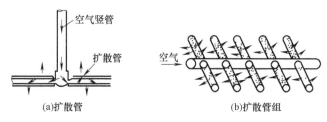

图 3-8 扩散管

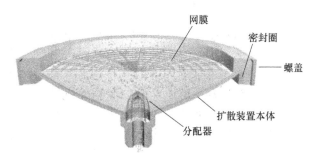

图 3-9 网状膜曝气器

该曝气器采用网状膜代替曝气盘用的各种曝气板材，其网很薄，滤水透气效果均优于微孔板材，不易发生堵塞。网膜采用聚酯纤维制成。网状膜曝气器采用底部供气，空气经分配器第一次切割后均匀分布到气室内，然后通过特制网膜微孔的第二次切割，形成微小气泡，均匀地分布扩散到水中，曝气器服务面积 $0.5m^3$/只，单盘供气量 $2.0\sim2.5m^3$/h，氧利用率为 12%～15%，动力效率为 $2.7\sim3.5kgO_2/(kW \cdot h)$。使用该曝气器的供气系统空气不需要滤清处理。曝气器不易发生堵塞，可以省去空气净化设备。

图 3-10 所示是江苏宜兴高胜玻璃钢化工设备厂生产的 YMB-1 型膜片微孔曝气器。

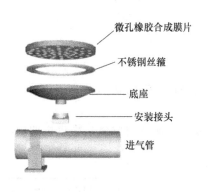
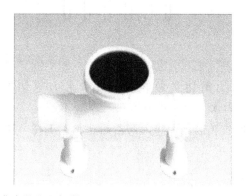

图 3-10 膜片微孔曝气器

该曝气器的气体扩散装置采用微孔合成橡胶膜片，膜片上开有平均孔径为 $150\sim200\mu m$ 的 5000 个同心圆布置的自闭式孔眼。充气时空气通过布气管道，并通过底座上的孔眼进入膜片和底座之间，在空气的压力作用下，使膜片微微鼓起，孔眼张开，达到布气扩散的目的。当供气停止时，由于膜片与底座之间的压力下降，及膜片本身的弹性作用，使孔眼渐渐自动闭合，压力全部消失后，由于水压作用，将膜片压实于底座之上。因此，曝气池中的混合液不可能产生倒灌，也不会玷污孔眼。另一方面，当孔眼开启时，其尺寸稍大于微孔曝气孔眼，空气中所含的少量尘埃，也不会造成曝气器的缝隙堵塞，因此不需要空气净化设备。

② 穿孔管。穿孔管如图 3-11 所示。

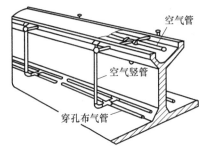

图 3-11　采用穿孔布气管的布置方式

穿孔管是穿有小孔的钢管或塑料管，小孔直径一般为 3～5mm，孔开于管下侧与垂直面呈 45°夹角处，孔距 10～15mm，穿孔管单设于曝气池一侧高于池底 10～20cm 处，也有按编织物的形式安装遍布池底的。穿孔管的布置一般为 2～3 排。穿孔管比扩散管阻力小，不易堵塞，氧利用率在 6%～8% 之间，动力效率为 2.3～3.0kgO$_2$/(kW·h)。

③ 竖管。竖管曝气是在曝气池的一侧布置以横管分支成梳形的竖管，竖管直径在 15mm 以上，离池底 150mm 左右，图 3-12 所示为一种竖管扩散器及其布置的示意图。竖管属于大气泡扩散器，由于大气泡在上升时形成较强的紊流并能够剧烈地翻动水面，从而加强了气泡液膜层的更新和从大气中吸氧的过程，虽然气液接触面积比小气泡和中气泡的要小，但氧利用率仍在 6%～7% 之间，动力效率为 2～2.6kgO$_2$/(kW·h)，竖管曝气装置在构造和管理上都很简单，并且无堵塞问题。

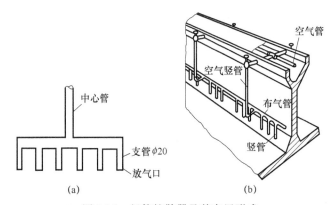

图 3-12　竖管扩散器及其布置形式

④ 水力剪切扩散装置。属于水力剪切扩散装置的有倒盆式、射流式、撞击式等（图 3-13 为水力剪切扩散器）。

倒盆式扩散器上缘为聚乙烯塑料，下托一块橡皮板，曝气时空气从橡皮板四周吹出，呈

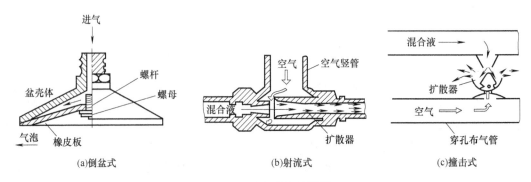

图 3-13　水力剪切扩散器

一股喷流旋转上升，由于旋流造成的剪切作用和紊流作用，使气泡尺寸变得较小（2mm以下），液膜更新较快，效果较好。当水深为5m时，氧利用率可达10％，4m时为8.5％，每只通气量为12m³/h。倒盆式扩散器阻力较大，动力效率为2.6kgO₂/(kW·h)，该曝气器在停气时，橡皮板与倒盆紧密贴合，无堵塞问题。

射流式扩散装置是利用水泵打入的泥水混合液高速水流的动能，吸入大量空气，泥、水、气混合液在喉管中强烈混合搅动，将气泡粉碎成雾状，使氧迅速转移到混合液中，从而强化了氧的转移过程，氧利用率可提高到25％以上。

（2）机械曝气 机械曝气设备按传动轴的安装方向，分为卧轴（横轴）式机械曝气器和竖轴（纵轴）式机械曝气器两类。

① 卧轴式机械曝气器。现在应用的卧轴式机械曝气器主要是转刷曝气器。转刷曝气器主要用于氧化沟，它具有负荷调节方便、维护管理容易、动力效率高等优点。曝气转刷是一个附有不锈钢丝或板条的横轴（如图3-14），用电机带动，转速通常为40～60r/min。转刷贴近液面，部分浸在池液中。转动时，钢丝或板条把大量液体甩出水面，并使液面剧烈波动，促进氧的溶解；同时推动混合液在池内循环流动，促进溶解氧扩散转移。

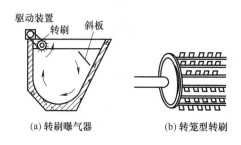

图 3-14　曝气转刷

② 竖轴式机械曝气器（竖轴叶轮曝气器或表面曝气叶轮）。竖轴叶轮曝气器常用的有泵形、K形、倒伞形和平板形4种。泵形叶轮曝气器由叶片、上平板、上压罩、下压罩、导流锥顶以及进气孔、进水口等部件组成，如图3-15所示。泵形叶轮曝气器的充氧能力和充氧动力效率都比较好。

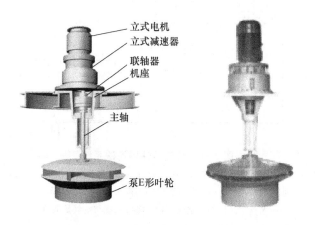

图 3-15　泵形叶轮曝气器

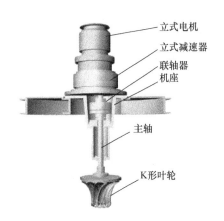

图 3-16　K 形叶轮曝气器

K 形叶轮曝气器如图 3-16 所示。K 形叶轮曝气器由后轮盘、叶片、盖板及法兰组成，后轮盘呈流线型，与若干双曲率叶片相交成液流孔道，孔道从始端至末端旋转 90°。后轮盘端部外缘与盖板相接，盖板大于后轮盘和叶片，其外伸部分和各叶片的上部形成压水罩。

倒伞形叶轮曝气器由圆锥体及连在其外表面的叶片组成，如图 3-17 所示。叶片的末端在圆锥体底边沿水平伸展出一小段，使叶轮旋转时甩出的水幕与池中水面相接触，从而扩大了叶轮的充氧、混合作用。为了提高充氧量，某些倒伞形叶轮在锥体上邻近叶片的后部钻有进气孔。倒伞形叶轮曝气器构造简单，易于加工。

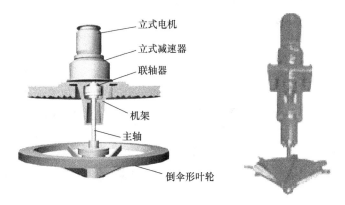

图 3-17　倒伞形叶轮曝气器

五、活性污泥法处理工艺

1. 传统活性污泥法（普通活性污泥法或推流式活性污泥法）

传统活性污泥法的基本流程见图 3-18。

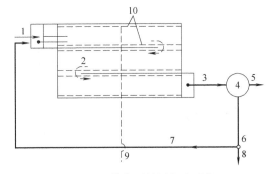

图 3-18　传统活性污泥法系统

1—经预处理后的污水；2—活性污泥反应器（曝气池）；3—从曝气池流出的混合液；4—二次沉淀池；

5—处理后污水；6—污泥泵站；7—回流污泥系统；8—剩余污泥；

9—来自空压机站的空气；10—曝气系统与空气扩散装置

它是最早成功应用的运行方式，其他活性污泥法都是在其基础上发展而来的。曝气池呈长方形，污水和回流污泥一起从曝气池的首端进入，在曝气和水力条件的推动下，污水和回流污泥的混合液在曝气池内呈推流形式流动至池的末端，流出池外进入二沉池。在二沉池中处理后的污水与活性污泥分离，部分污泥回流至曝气池，部分污泥则作为剩余污泥排出系统。推流式曝气池一般建成廊道形式，为避免短路，廊道的长宽比一般不小于 5∶1，根据需要，有单廊道、双廊道或多廊道等形式。曝气方式可以是机械曝气，也可以采用鼓风曝气。

传统活性污泥法的特征是曝气池前段液流和后段液流不发生混合，污水浓度自池首至池尾呈逐渐下降的趋势，需氧量沿池长逐渐降低。因此，有机物降解反应的推动力较大，效率较高。曝气池需氧量沿池长逐渐降低，尾端溶解氧一般处于过剩状态，在保证末端溶解氧正常的情况下，前段混合液中溶解氧含量可能不足。

优点：①处理效果好，BOD 去除率可达 90％以上，适用于处理净化程度和稳定程度较高的污水；②根据具体情况，可以灵活调整污水处理程度的高低；③进水负荷升高时，可通过提高污泥回流比的方法予以解决。

缺点：①曝气池首端有机污染物负荷高，耗氧也高，为了避免由于缺氧形成厌氧状态，进水有机物负荷不宜过高，因此，曝气池容积大，占用的土地较多，基建费用高；②为避免曝气池首端混合液处于缺氧或厌氧状态，进水有机负荷不能过高，因此曝气池容积负荷一般较低；③曝气池末端有可能出现供氧量大于需氧量的现象，动力消耗较大；④对进水水质、水量变化的适应性较低，运行效果易受水质、水量变化的影响。

2. 阶段曝气活性污泥法（分段进水活性污泥法或多段进水活性污泥法）

它是针对传统活性污泥法存在的弊端进行了一些改革的运行方式。本工艺与传统活性污泥法的主要不同点是污水沿池长分段注入，使有机负荷在池内分布比较均衡，缓解了传统活性污泥法曝气池内供氧量与需氧量存在的矛盾。曝气方式一般采用鼓风曝气。阶段曝气法基本流程见图 3-19。

阶段曝气活性污泥法具有如下特点：①曝气池内有机污染物负荷及需氧量得到均衡，一定程度上缩小了需氧量与供氧量之间的差距，有助于能耗的降低，活性污泥微生物的降解功能也得以正常发挥；②污水分散均衡注入，提高了曝气池对水质、水量冲击负荷的适应能力；③混合液中的活性污泥浓度沿池长逐步降低，出流混合液的污泥较低，减轻二

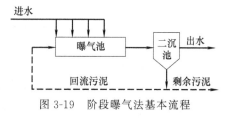

图 3-19　阶段曝气法基本流程

次沉淀池的负荷，有利于提高二次沉淀池固液分离效果；④阶段曝气活性污泥法分段注入曝气池的污水，不能与原混合液立即混合均匀，会影响处理效果。

3. 吸附-再生活性污泥法（生物吸附法或接触稳定法）

吸附-再生活性污泥法的工艺流程如图 3-20 所示。吸附-再生活性污泥法主要是利用微生

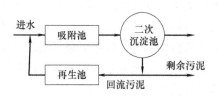

(a) 分建式吸附-再生活性污泥处理系统

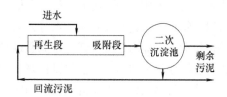

(b) 合建式吸附-再生活性污泥处理系统

图 3-20　吸附-再生活性污泥法基本流程

物的初期吸附作用去除有机污染物，其主要特点是将活性污泥对有机污染物降解的两个过程——吸附和代谢稳定，分别在各自反应器内进行。吸附池的作用是吸附污水中的有机物，使污水得到净化。再生池的作用是对污泥进行再生，使其恢复活性。

吸附-再生活性污泥法的工作过程是：污水和经过充分再生、具有很高活性的活性污泥一起进入吸附池，两者充分混合接触 15～60min 后，使部分呈悬浮、胶体和溶解性状态的有机污染物被活性污泥吸附，污水得到净化。从吸附池流出的混合液直接进入二沉池，经过一定时间的沉淀后，澄清水排放，污泥则进入再生池进行生物代谢活动，使有机物降解，微生物进入内源代谢期，污泥的活性、吸附功能得到充分恢复后，再与污水一起进入吸附池。

吸附-再生活性污泥法虽然分为吸附和再生两个部分，但污水与活性污泥在吸附池的接触时间较短，吸附池容积较小，而再生池接纳的只是浓度较高的回流污泥，因此再生池的容积也不大。吸附池与再生池的容积之和仍低于传统活性污泥法曝气池的容积。

吸附-再生活性污泥法回流污泥量大，且大量污泥集中在再生池，当吸附池内活性污泥受到破坏后，可迅速引入再生池污泥予以补救，因此具有一定冲击负荷适应能力。

由于该方法主要依靠微生物的吸附去除污水中有机污染物，因此，去除率低于传统活性污泥法，而且不宜用于处理溶解性有机污染物含量较多的污水。曝气方式可以是机械曝气，也可以采用鼓风曝气。

4. 完全混合活性污泥法

图 3-21 为完全混合活性污泥法的工艺流程图。

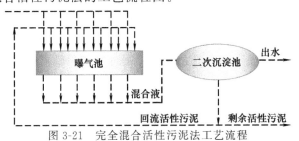

图 3-21　完全混合活性污泥法工艺流程

完全混合活性污泥法与传统活性污泥法最不同的地方是采用了完全混合式曝气池。其特征是污水进入曝气池后，立即与回流污泥及池内原有混合液充分混合。池内混合液的组成，包括活性污泥数量及有机污染物的含量等均匀一致，而且池内各个部位都是相同的。曝气方式多采用机械曝气，也有采用鼓风曝气的。完全混合活性污泥法的曝气池与二沉池可以合建也可以分建，比较常见的是合建式圆形池。完全混合活性污泥法容易产生污泥膨胀现象，处理水质在一般情况下低于传统的活性污泥法。这种方法多用于工业污水的处理，特别是浓度较高的工业污水。

由于完全混合活性污泥法能够使进水与曝气池内的混合液充分混合，水质得到稀释、均化，曝气池内各部位的水质、污染物的负荷、有机污染物降解工况等都相同。因此，完全混合活性污泥法具有以下特点：①进水在水质、水量方面的变化对活性污泥产生的影响较小，也就是说这种方法对冲击负荷适应能力较强；②有可能通过对污泥负荷值的调整，将整个曝气池的工况控制在最佳条件，使活性污泥的净化功能得以良好发挥，在处理效果相同的条件下，其负荷率高于推流式曝气池；③曝气池内各个部位的需氧量相同，能最大限度地节约动力消耗。

5. 延时曝气活性污泥法（完全氧化活性污泥法）

延时曝气活性污泥法的主要特点是有机负荷率较低，活性污泥持续处于内源呼吸阶段，不但去除了水中的有机物，而且氧化部分微生物的细胞物质，因此剩余污泥量极少，无须再进行消化处理。延时曝气活性污泥法实际上是污水好氧处理与污泥好氧处理的综合构筑物。

在处理工艺方面，这种方法不用设初沉池，而且理论上二沉池也不用设，但考虑到出水中含有一些难降解的微生物内源代谢的残留物，因此，实际上二沉池还是存在的。

延时曝气活性污泥法处理出水水质好，稳定性高，对冲击负荷有较强的适应能力。另外，这种方法的停留时间（20～30d）较长，可以实现氨氮的硝化过程，即达到去除氨氮的目的。本工艺的不足是曝气时间长，占地面积大，基建费用和运行费用都较高；进入二沉池的混合液因处于过氧化状态，出水中会含有不易沉降的活性污泥碎片。

延时曝气活性污泥法只适用于对处理水质要求较高、不宜建设污泥处理设施的小型生活污水或工业污水处理厂，处理水量不宜超过 $1000m^3/d$。延时曝气活性污泥法一般都采用完全混合式曝气池，曝气方式可以是机械曝气，也可以采用鼓风曝气。

6. 吸附-生物降解活性污泥法

AB法是吸附-生物降解工艺的简称。AB法工艺流程如图3-22所示。

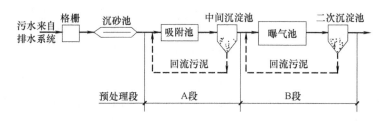

图 3-22　AB法污水处理工艺流程

AB法工艺由预处理段和以吸附作用为主的A段、以生物降解作用为主的B段组成。在预处理段只设格栅、沉砂池等简易处理设备，不设初沉池。A段由A段吸附池与沉淀池构成，B段由B段曝气池与二沉池构成。A、B两段虽然都是生物处理单元，但两段完全分开，各自拥有独立的污泥回流系统和各自独特的微生物种群。污水先进入高负荷的A段，再进入低负荷的B段。

A段可以根据原水水质等情况的变化采用好氧或缺氧运行方式；B段除了可以采用普通活性污泥法外，还可以采用生物膜法、氧化沟法、SBR法、A/O法或 A^2/O 法等处理工艺。

AB法适于处理城市污水或含有城市污水的混合污水。而对于工业污水或某些工业污水比例较高的城市污水，由于其中适应污水环境的微生物浓度很低，使用AB法时A段效率会明显降低，A段作用只相当于初沉池，对这类污水不宜采用AB法。另外，未进行有效预处理或水质变化较大的污水也不适宜使用AB法处理，因为在这样的污水管网系统中，微生物不宜生长繁殖，直接导致A段的处理效果因外源微生物的数量较少而受到严重影响。

7. 序批式活性污泥法（间歇式活性污泥法、SBR法）

（1）SBR法的工艺流程　SBR工艺的核心构筑物是集有机污染物降解与混合液沉淀于一体的反应器——间歇曝气池。图3-23为SBR法工艺流程。SBR法的主要特征是反应池一批一批地处理污水，采用间歇式运行的方式，每一个反应池都兼有曝气

图 3-23　SBR法工艺流程

池和二沉池的作用，因此不需再设置二沉池和污泥回流设备，而且一般也可以不建水质或水

量调节池。

（2）SBR法的特点　SBR法的特点是：①对水质水量变化的适应性强，运行稳定，适于水质水量变化较大的中小城镇污水处理，也适于高浓度污水处理；②为非稳态反应，反应时间短，静沉时间也短，可不设初沉池和二沉池；体积小，基建费比常规活性污泥法约省22%，占地少38%左右；③处理效果好，BOD$_5$去除率达95%，且产泥量少；④好氧、缺氧、厌氧交替出现，能同时具有脱氮（80%～90%）和除磷（80%）的功能；⑤反应池中溶解氧浓度在0～2mg/L之间变化，可减少能耗，在同时完成脱氮除磷的情况下，其能耗仅相当传统活性污泥法。

（3）SBR工艺运行操作　SBR法曝气池的运行周期由进水、反应、沉淀、排放、待机（闲置）五个工序组成，而且这五个工序都是在曝气池内进行，其工作原理见图3-24。

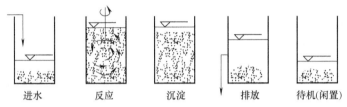

进水　　反应　　沉淀　　排放　　待机(闲置)

图 3-24　序批式活性污泥法工序

① 进水工序。进水工序是指从开始进水至到达反应器最大容积期间的所有操作。进水工序的主要任务是向反应器中注水。但通过改变进水期间的曝气方式，也能够实现其他功能。进水阶段的曝气方式分为非限量曝气、半限量曝气和限量曝气。非限量曝气就是边进水，边曝气，进水曝气同步进行。这种方式既可取得预曝气的效果，又可取得使污泥再生恢复其活性的作用。限量曝气就是在进水阶段不曝气，只是进行缓速搅拌，这样可以达到脱氮和释放磷的功能。半限量曝气是在进水进行到一半后再进行曝气，这种方式既可以脱氮和释放磷，又能使污泥再生恢复其活性。

本工序所用的时间，可根据实际排水情况和设备条件确定。从工艺效果上要求，注入时间以短促为宜，瞬间最好，但这在实际中有时是难以做到的。

② 反应工序。进水工序完成后，即污水注入达到预定高度后，就进入反应工序。反应工序的主要任务是对有机物进行生物降解或除磷脱氮。这是本工艺最主要的一道工序。根据污水处理的目的，如BOD去除、硝化、磷的吸收以及反硝化等，采取相应的技术措施，如前三项，为曝气，后一项则为缓速搅拌，并根据需要达到的程度以决定反应的延续时间。

在本工序的后期，进入下一步沉淀过程之前，还要进行短暂的微量曝气，脱除附着在污泥上的气泡或氮，以保证沉淀过程的正常进行。

③ 沉淀工序。反应工序完成后就进入沉淀工序，沉淀工序的任务是完成活性污泥与水的分离。在这个工序，SBR反应器相当于活性污泥法连续系统的二次沉淀池。进水停止，也不曝气、不搅拌，使混合液处于静止状态，从而达到泥水分离的目的。沉淀工序采取的时间基本同二次沉淀池，一般为1.5～2.0h。

④ 排放工序。排放工序首先是排放经过沉淀后产生的上清液，然后排放系统产生的剩余污泥，并保证SBR反应器内残留一定数量的活性污泥，作为种泥。一般而言，SBR法反应器中的活性污泥数量一般为反应器容积的50%左右。SBR系统一般采用滗水器排水。

⑤ 待机工序。也称闲置工序，即在处理水排放后，反应器处于停滞状态，等待下一个

操作周期开始的阶段。闲置工序的功能是在静置无进水的条件下，使微生物通过内源呼吸作用恢复其活性，并起到一定的反硝化作用而进行脱氮，为下一个运行周期创造良好的初始条件。通过闲置期后的活性污泥处于一种营养物的饥饿状态，单位质量的活性污泥具有很大的吸附表面积，因而当进入下个运行周期的进水期时，活性污泥便可充分发挥其较强的吸附能力而有效地发挥其初始去除作用。闲置待机的时间长短取决于所处理的污水种类、处理负荷和所要达到的处理效果。

8. 氧化沟（循环曝气池）

它是荷兰 20 世纪 50 年代开发的一种生物处理技术，属活性污泥法的一种变法。

图 3-25 所示为氧化沟的平面示意图，而图 3-26 所示为以氧化沟为生物处理单元的污水处理流程。

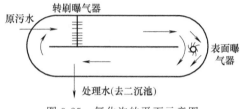 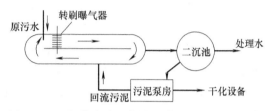

图 3-25　氧化沟的平面示意图　　　　图 3-26　以氧化沟为生物处理单元的污水处理流程

（1）氧化沟的基本工艺过程　进入氧化沟的污水和回流污泥混合液在曝气装置的推动下，在闭合的环形沟道内循环流动，混合曝气，同时得到稀释和净化。与入流污水及回流污泥总量相同的混合液从氧化沟出口流入二沉池。处理水从二沉池出水口排放，底部污泥回流至氧化沟。与普通曝气池不同的是氧化沟除外部污泥回流之外，还有极大的内回流，环流量为设计进水流量的 30～60 倍，循环一周的时间为 15～40min。因此，氧化沟是一种介于推流式和完全混合式之间的曝气池形式，综合了推流式与完全混合式的优点。

氧化沟的曝气装置有横轴曝气装置和纵轴曝气装置。横轴曝气装置有横轴曝气转刷和曝气转盘，纵轴曝气装置就是表面机械曝气器。

（2）常用的氧化沟类型　氧化沟按其构造和运行特征可分为多种类型。在城市污水处理中应用较多的有卡鲁塞氧化沟、奥贝尔氧化沟、交替工作型氧化沟和 DE 型氧化沟。

① 卡鲁塞氧化沟。典型的卡鲁塞氧化沟是一多沟串联系统，一般采用垂直轴表面曝气机曝气。每组沟渠安装一个曝气机，均安设在一端。氧化沟需另设二沉池和污泥回流装置。处理系统如图 3-27 所示。沟内循环流动的混合液，在靠近曝气机的下游为富氧区，而曝气机上游为低氧区，外环为缺氧区，有利于生物脱氮。表面曝气机多采用倒伞型叶轮，曝气机一方面充氧，一方面提供推力使沟内的环流速度在 0.3m/s 以上，以维持必要的混合条件。由于表面叶轮曝气机有较大的提升作用，使氧化沟的水深一般可达 4.5m。

② 奥贝尔氧化沟。奥贝尔氧化沟是多级氧化沟，一般由若干个圆形或椭圆形同心沟道组成。其工艺流程如图 3-28 所示。

污水从最外面或最里面的沟渠进入氧化沟，在其中不断循环流动的同时，通过淹没的方式从一条沟渠流入相邻的下一条沟渠，最后从中心的或最外面的沟渠流入二沉池进行固液分离。沉淀污泥部分回流到氧化沟，部分以剩余污泥排入污泥处理设备进行处理。氧化沟的每一沟渠都是一个完全混合的反应池，整个氧化沟相当于若干个完全混合反应池串联一起。

奥贝尔氧化沟在时间和空间上呈现出阶段性。各沟渠内溶解氧呈现出厌氧—缺氧—好氧分布，对高效硝化和反硝化十分有利。第一沟内低溶解氧，进水碳源充足，微生物容易利用碳源，自然会发生反硝化作用，即硝酸盐转化成氮类气体，同时微生物释放磷。而在后边的沟道溶解氧增高，尤其在最后的沟道内溶解氧达到 2mg/L 左右，有机物氧化得比较彻底，同时在好氧状态下也有利于磷的吸收，磷类物质得以去除。

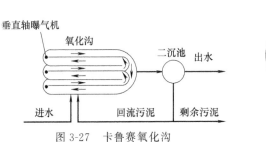

图 3-27 卡鲁赛氧化沟

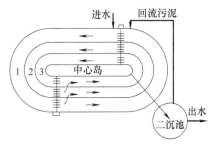

图 3-28 奥贝尔氧化沟系统工艺流程

③ 交替工作型氧化沟。交替工作型氧化沟有两池（又称 D 型氧化沟）和三池（又称 T 型氧化沟）两种。如图 3-29 所示为 D 型氧化沟，3-30 所示为 T 型氧化沟。D 型氧化沟由相同容积的 A 和 B 两池组成，串联运行，交替作为曝气池和沉淀池。勿需设污泥回流系统。一般以 8h 为一个运行周期。此系统可得到十分优质的出水和稳定的污泥。缺点是曝气转刷的利用率仅为 37.5%。

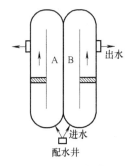

图 3-29 D 型氧化沟

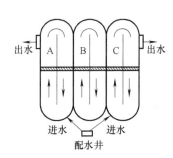

图 3-30 T 型氧化沟

T 型氧化沟由相同容积的 A、B 和 C 池组成。两侧的 A 和 C 池交替作为曝气池和沉淀池，中间的 B 池一直为曝气池。原水交替进入 A 池或 C 池，处理水则相应地从作为沉淀池的 C 池或 A 池流出。T 型氧化沟曝气转刷的利用率比 D 型氧化沟高，可达 58% 左右。这种系统不需要污泥回流系统；通过适当运行，在去除 BOD 的同时，能进行硝化和反硝化过程，可取得良好脱氮效果。

交替工作型氧化沟必须安装自动控制系统，以控制进、出水的方向，溢流堰的启闭以及曝气转刷的开启和停止。

④ DE 型氧化沟。DE 型氧化沟的工艺流程如图 3-31 所示。

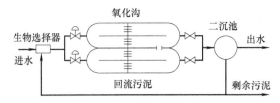

图 3-31 DE 型氧化沟的工艺流程

　　双沟 DE 型氧化沟的特点是在氧化沟前设置厌氧生物选择器（池）和双沟交替工作。设置生物选择器的目的：一是抑制丝状菌的增殖，防止污泥膨胀，改善污泥的沉降性能；二是聚磷菌在选择器进行磷的释放。厌氧生物选择器内配有搅拌器，以防止污泥沉积。DE 型没有 T 型氧化沟的沉淀功能，大大提高了设备利用率，但必须像卡罗塞氧化沟一样，设置二沉池及污泥回流设施。

　　六、活性污泥法的运行管理

　　在运行中，有时会出现异常情况，使污泥流失，处理效果降低。下面介绍运行中可能出现的几种主要异常现象和对其采取的措施。

　　（1）污泥膨胀　正常的活性污泥沉降性能良好，含水率在 99% 左右。当污泥变质时，污泥不易沉淀，SVI 值增高，污泥的结构松散、体积膨胀，含水率上升，澄清液稀少（但较清澈），颜色也有异变，这就是污泥膨胀。污泥膨胀的原因主要是丝状菌大量繁殖，也有由于污泥中结合水异常增多导致的污泥膨胀。一般污水中碳水化合物较多，缺乏氮、磷、铁等养料，溶解氧不足，水温高或 pH 值较低等都容易引起丝状菌大量繁殖，导致污泥膨胀。此外，超负荷、污泥龄过长或有机物浓度梯度小等，也会引起污泥膨胀。排泥不通畅则引起结合水性污泥膨胀。

　　为防止污泥膨胀，首先应加强操作管理，经常检测污水水质、曝气池内溶解氧、污泥沉降比、污泥指数和进行显微镜观察等，如发现不正常现象，就需要采取预防措施。一般可调整、加大空气量，及时排泥，有可能时采取分段进水，以减轻二次沉淀池的负荷。

　　当污泥发生膨胀后，可针对引起膨胀的原因采取措施。如缺氧、水温高等，可加大曝气量，或降低进水量以减轻负荷，或适当降低 MLSS 值，使需氧量减少等。如污泥负荷率过高，可适当提高 MLSS 值，以调整负荷。必要时还要停止进水，"闷曝"一段时间。如缺氮、磷、铁养料，可投加硝化污泥或氮、磷等成分。如 pH 值过低，可投加石灰等调节 pH 值。若污泥大量流失，可投加 5～10mg/L 氯化铁，帮助凝聚，刺激菌胶团生长；也可投加漂白粉或液氯（按干污泥的 0.3%～0.6% 投加），抑制丝状菌繁殖，特别是能控制结合水性污泥膨胀；也可投加石棉粉末、硅藻土、黏土等惰性物质，降低污泥指数。污泥膨胀的原因很多，以上只是污泥膨胀的一般处理措施。

　　（2）污泥解体　处理水质浑浊、污泥絮凝体微细化、处理效果变坏等则是污泥解体现象。导致这种异常现象可能是运行中的问题，也可能是污水中混入了有毒物质。

　　运行不当，如曝气过量，会使活性污泥生物-营养的平衡遭到破坏，使微生物量减少而失去活性，吸附能力降低，絮凝体缩小质密，一部分则成为不易沉淀的羽毛状污泥，处理水质浑浊，SVI 值降低等。当污水中存在有毒物质时，微生物会受到抑制或伤害，净化能力下降或完全停止，从而使污泥失去活性。一般可通过显微镜观察来判别产生的原因。当鉴别出是运行方面的问题时，应对污水量、回流污泥量、空气量和排泥状态以及 SV%、MLSS、DO、N_s 等多项指标进行检查，加以调整。当确定是污水中混入有毒物质时，需查明来源，采取相应对策。

　　（3）污泥脱氮（反硝化）　污泥在二次沉淀池呈块状上浮的现象，并不是由于腐败所造成的，而是由于在曝气池内污泥泥龄过长，硝化程度较高（一般硝酸铵达 5mg/L 以上），在沉淀池内产生反硝化，硝酸盐的氧被利用，氮即呈气体脱出附于污泥上，从而使污泥相对密度降低，整块上浮。所谓反硝化是指硝酸盐被反硝化菌还原成氨和氮的作用。反硝化作用一般在溶解氧低于 0.5mg/L 时发生，并在试验室静沉 30～90min 以后发生。因此为防止这一异常现象的发生，应增加污泥回流量或及时排除剩余污泥，在脱氮之前即将污泥排除；或降低混合液污泥浓度，缩短污泥龄和降低溶解氧等，使之不进行到硝化阶段。

（4）污泥腐化　在二次沉淀池有可能由于污泥长期滞留而进行厌氧发酵，生成气体（H_2S、CH_4 等），从而使大块污泥上浮的现象。它与污泥脱氮上浮不同，污泥腐化变黑，产生恶臭。此时也不是全部污泥上浮，大部分污泥都是正常排出或回流，只有沉积在死角长期滞留的污泥才腐化上浮。

防止措施有：①安设不使污泥外溢的浮渣清除设备；②消除沉淀池的死角区；③加大池底坡度或改进池底刮泥设备，不使污泥滞留于池底。

此外，如曝气池内曝气过度，使污泥搅拌过于激烈，生成大量小气泡附聚于絮凝体上，也可能引起污泥上浮。这种情况机械曝气较鼓风曝气为多。另外，当流入大量脂肪和油时，也容易产生这种现象。防止措施是将供气控制在搅拌所需要的限度内，而脂肪和油则应在进入曝气池之前加以去除。

（5）泡沫　曝气池中产生泡沫，主要原因是污水中存在大量合成洗涤剂或其他起泡物质。泡沫会给生产操作带来一定困难，如影响操作环境，带走大量污泥。当采用机械曝气时，还能影响叶轮的充氧能力。消除泡沫的措施有：分段注水以提高混合液浓度；进行喷水或投加除沫剂（如机油、煤油等，投量约为 $0.5\sim1.5\mathrm{mg/L}$）等。

采用机械表面曝气时，如果池内混合液循环不良，曝气机浸没深度不足，仅停留在表面层混合液曝气，也会使池的表面积累泡沫，此时应调整曝气叶轮的浸没深度和改善池内混合液的循环。

七、活性污泥法脱氮除磷工艺

1. 活性污泥法脱氮主要工艺

（1）活性污泥法脱氮传统工艺　活性污泥法脱氮的传统工艺是由巴茨（Barth）开创的所谓三级活性污泥法流程，它是以氨化、硝化和反硝化三项反应过程为基础建立的。其工艺流程见图 3-32。

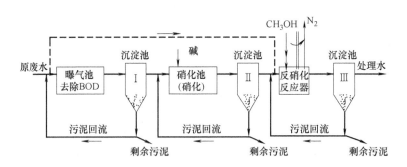

图 3-32　传统活性污泥法脱氮工艺（三级活性污泥法流程）

第一级曝气池为一般的二级处理曝气池，其主要功能是去除 BOD、COD，使有机氮转化，形成 NH_3、NH_4^+，即完成氨化过程。经过沉淀后，污水进入硝化曝气池，进入硝化曝气池的污水，BOD_5 值已降至 $15\sim20\mathrm{mg/L}$ 这样较低的程度。

第二级硝化曝气池，在这里进行硝化反应，使 NH_3 及 NH_4^+ 氧化为 $NO_3^- - N$。如前述，硝化反应要消耗碱度，因此，需要投碱，以防 pH 值下降。

第三级为反硝化反应器，在缺氧条件下，$NO_3^- - N$ 还原为气态 N_2，并逸往大气，在这一级应采取厌氧-缺氧交替的运行方式。碳源，既可投加 CH_3OH（甲醇）作为外投碳源，亦可引入原污水充作碳源。

在这一系统的后面，为了去除由于投加甲醇而带来的 BOD 值，设后曝气池，经处理后，排放处理水。这种系统的优点是有机物降解菌、硝化菌、反硝化菌，分别在各自反应器内生长增殖，环境条件适宜，而且各自回流在沉淀池分离的污泥，反应速度快，而且比较彻底。但处理设备多，造价高，管理不够方便。

除上述三级生物脱氮系统外，在实践中还使用两级生物脱氮系统，如图 3-33 所示，将 BOD 去除和硝化两道反应过程放在统一的反应器内进行。

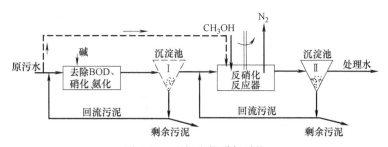

图 3-33　两级生物脱氮系统

（2）缺氧-好氧活性污泥法脱氮系统（A/O 法脱氮工艺）　其具有同时去除有机物和脱氮的功能。其主要特点是将反硝化反应器放置在系统之首，故又称为前置反硝化生物脱氮系统，这是目前采用比较广泛的一种脱氮工艺。A/O 工艺具体做法是在常规的好氧活性污泥法处理系统前，增加一段缺氧生物处理过程，经过预处理的污水先进入缺氧段，然后再进入好氧段。好氧段的一部分硝化液通过内循环管道回流到缺氧段。缺氧段和好氧段可以是分建，也可以合建。图 3-34 为分建式缺氧-好氧活性污泥处理系统。

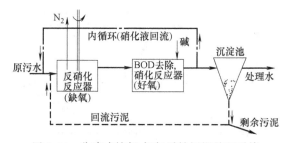

图 3-34　分建式缺氧-好氧活性污泥处理系统

A/O 工艺的 A 段在缺氧条件下运行，溶解氧应控制在 0.5mg/L 以下。缺氧段的作用是脱氮。在这里反硝化细菌以原水中的有机物作为碳源，以好氧段回流液中的硝酸盐作为受电体，进行反硝化反应，将硝态氮还原为气态氮（N_2），使污水中的氮去除。

好氧段的作用有两个，一是利用好氧微生物氧化分解污水中的有机物，二是利用硝化细菌进行硝化反应，将氨氮转化为硝态氮。由于硝化反应过程中要消耗一定碱度，因此，在好氧段一般需要投碱，补偿硝化反应消耗的碱度。但在反硝化反应过程也能产生一部分碱度，因此，对于含氮浓度不高的城市污水，可不必另行投碱以调节 pH 值。

A/O 工艺是生物脱氮工艺中流程比较简单的一种工艺，而且装置少，不必外加碳源，基建费用和运行费用都比较低。但本工艺的出水来自反硝化曝气池，因此出水中含有一定浓度的硝酸盐，若沉淀池运行不当，在沉淀池内也会发生反硝化反应，使污泥上浮，使出水水质恶化。另外，该工艺的脱氮效率取决于内循环量的大小，从理论上讲，内循环量越大，脱氮效果越好，但内循环量越大，运行费用就越高，而且缺氧段的缺氧条件也不好控制。因此，本工艺的脱氮效率很难达到 90%。

A/O 工艺也可以建成合建式的，即反硝化、硝化与有机物的去除均在一个曝气池中完成。现有推流式曝气池改造为合建式 A/O 工艺最为方便。图 3-35 为合建式缺氧-好氧活性污泥处理系统。

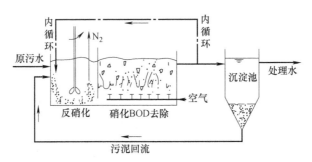

图 3-35　合建式缺氧-好氧活性污泥处理系统

2. 生物除磷主要工艺

厌氧-好氧活性污泥法除磷系统，又称 A/O 除磷工艺。具体做法是在常规的好氧活性污泥法处理系统前，增加一段厌氧生物处理过程，经过预处理的污水与回流污泥（含磷污泥）一起进入厌氧段，然后再进入好氧段。回流污泥在厌氧段吸收一部分有机物，并释放出大量磷，进入好氧段后，污水中的有机物得到好氧降解，同时污泥将大量摄取污水中的磷，部分富磷污泥以剩余污泥的形式排出，实现磷的去除。图 3-36 为厌氧-好氧活性污泥法除磷系统。

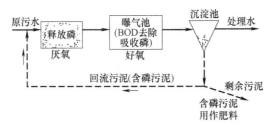

图 3-36　厌氧-好氧活性污泥法除磷系统

A/O 工艺除磷流程简单，不需投加化学药品，也不需要考虑内循环，因此建设费用及运行费用都较低。另外，厌氧段在好氧段之前，不仅可以抑制丝状菌的生长、防止污泥膨胀，而且有利于聚磷菌的选择性增殖。本工艺存在的问题是除磷效率较低，处理城市污水时除磷效率只有 75% 左右。

3. 厌氧-缺氧-好氧活性污泥法脱氮除磷系统

该法又称 A²/O 法。本工艺不仅能够去除有机物，同时还具有脱氮和除磷的功能。具体做法是在 A/O 前增加一段厌氧生物处理过程，经过预处理的污水与回流污泥（含磷污泥）一起进入厌氧段，再进入缺氧段，最后再进入好氧段。图 3-37 为厌氧-缺氧-好氧活性污泥系统。

厌氧段的首要功能是释放磷，同时对部分有机物进行氨化。缺氧段的首要功能是脱氮，硝态氮是通过内循环由好氧反应器送来的，循环的混合液量较大，一般为 2Q（Q 为原污水流量）。

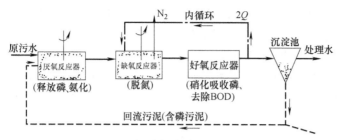

图 3-37 厌氧-缺氧-好氧活性污泥系统

好氧段是多功能的，去除有机物、硝化和吸收磷等反应都在本段进行。这三项反应都是重要的，混合液中含有 $NO_3^- - N$，污泥中含有过剩的磷。而污水中的 BOD（COD）则得到去除。流量为 2Q 的混合液从这里回流至缺氧反应器。

本工艺具有以下各项特点：①运行中勿需投药，两个 A 段只用轻缓搅拌，以不增加溶解氧为度，运行费用低；②在厌氧、缺氧、好氧交替运行条件下，丝状菌不能大量增殖，避免了污泥膨胀的问题，SVI 值一般均小于 100；③工艺简单，总停留时间短，建设投资少。

本法也存在如下各项待解决的问题：①除磷效果难再提高，污泥增长有一定的限度，不易提高，特别是当 P/BOD 值高时更如此；②脱氮效果也难以进一步提高，内循环量一般以 2Q 为限，不宜太高。

学习单元二　生物膜法

【任务描述】

任务目标	1. 知识目标 (1)了解生物膜的形成、再生、成熟的标志，载体的类型及选择等 (2)掌握生物膜法的工艺类型、实质、净化机理、基本流程、主要特征 (3)掌握生物滤池（普通生物滤池、塔式生物滤池、曝气生物滤池）的组成（各部分的作用、构造、工作过程等）、特点、类型、处理系统的流程等 2. 能力目标 能够进行生物接触氧化池开车、停车操作 3. 素质目标 具备一定的自学、语言表达、计算机应用、沟通合作、组织协调的能力
基本任务	1. 在生物膜法工艺流程中 (1)初沉池、二沉池、出水回流的作用　　(2)生物膜反应器的类型 (3)生物膜反应器 ①类型；②生物滤池的组成；每部分的作用；生物滤池的类型；存在的异常问题及处理；③生物接触氧化池的组成；每部分的作用；类型；一级、二级生物接触氧化池的工作流程；存在的异常问题及处理 2. 曝气生物滤池(BAF) (1)特点　　　　　(2)工作过程
技能任务	生物接触氧化池开车、停车操作
探索与拓展	1. 探索任务：生物膜法与活性污泥法有何异同点？ 2. 拓展任务：塔式生物滤池开车、停车操作

【知识链接】

一、生物膜法概述

1. 生物膜法与活性污泥法的主要区别

污水的生物膜处理法是与活性污泥法并列的一种污水好氧生物处理技术，但活性污泥法是依靠曝气池中悬浮流动着的活性污泥来分解有机物的，而生物膜法则是依靠固着于载体表面的生物膜来净化有机物的。生物膜法的实质是使细菌和真菌类的微生物和原生动物、后生动物一类的微型动物附着在滤料或某些载体上生长繁育，并在其上形成膜状生物污泥——生物膜。污水与生物膜接触，污水中的有机污染物作为营养物质，为生物膜上的微生物所摄取，污水得到净化，微生物自身也得到繁衍增殖。

2. 生物膜法的工艺类型

按生物膜与污水接触方式的不同，生物膜法分为填充式和浸没式两类。在填充式生物膜法中，污水和空气沿固定的填料或转动的盘片表面流过，与其上生长的生物膜接触，典型设备有生物滤池和生物转盘。在浸没式生物膜法中，生物膜载体完全浸没在水中，通过鼓风曝气供氧。如载体固定，称为生物接触氧化法；如载体流化，则称为生物流化床。

3. 生物膜法的主要特征

（1）抗冲击负荷能力强 生物膜处理法的各种工艺，对流入污水水质、水量的变化都具有较强的适应性，这种现象为多数运行的实际设备所证实，即使有一段时间中断进水，对生物膜的净化功能也不会造成致命的影响，通水后能够较快地得到恢复。

（2）产泥量少、污泥沉降性好 由生物膜上脱落下来的生物污泥，所含动物成分较多，密度较大，而且污泥颗粒个体较大，沉降性能良好，易于固液分离。但生物膜内部形成的厌氧层过厚时，其脱落后将有大量非活性的细小悬浮物分散在水中，使处理水的澄清度降低。

生物膜反应器中微生物附着生长，即使丝状菌大量生长，也不会导致污泥膨胀，相反还可利用丝状菌较强的分解氧化能力，提高处理效果。

（3）处理效能稳定、良好 由于生物膜反应器具有较高的生物量，不需要污泥回流，易于维护和管理，且生物膜中微生物种类丰富、活性较强，各菌群之间存在着竞争、互生的平衡关系，具有多种污染物质转化和降解途径，故生物膜反应器具有处理效能稳定、处理效果良好的特征。

（4）能够处理低浓度污水 活性污泥法处理系统，不宜处理低浓度的污水。如原污水的BOD长期低于 $50 \sim 60 mg/L$，将影响活性污泥絮凝体的形成和增长，净化功能降低，处理水水质低下。但是，生物膜法对低浓度污水，也能够取得较好的处理效果，运行正常可使 BOD_5 为 $20 \sim 30 mg/L$ 的污水，降至 BOD_5 为 $5 \sim 10 mg/L$。

（5）易于维护运行 与活性污泥处理系统相比，生物膜法中的各种工艺都比较易于维护管理，而且像生物滤池、生物转盘等工艺，运行费用较低，去除单位质量 BOD_5 的耗电量较少，能够节约能源。

（6）投资费用较大 生物膜法需要填料和支撑结构，投资费用较大。

二、生物膜的构造及其净化机理

图 3-38 为将一小块附着在生物滤池滤料上的生物膜放大了的示意图。

污水与滤料或某些载体流动接触时，污水中的悬浮和胶体物质被吸附于滤料或载体的表面上，它们中的有机物使微生物很快繁殖起来，这些微生物又进一步吸附、分解污水中呈悬浮、胶体和溶解状态的物质，逐渐在滤料或载体上形成一层黏液状的生物膜。经过一段时间后，生物膜沿水流方向分布，在其上由细菌和各种微生物组成的生态系及其对有机污染物降解功能都达到了平衡和稳定状态。

在污水不断流动的条件下，生物膜外侧总是存在着一层附着水层。生物膜本身又是微生物高度密集的物质，在膜的表面和一定深度的内部，生长繁殖着大量的各种类型的微生物和微型动物，并形成有机污染物—细菌—原生动物、后生动物的食物链。随着污水处理过程的进行，微生物不断增殖，生物膜的厚度不断增加，在增厚到一定程度后，在膜深处氧的传递阻力逐渐加大，将会转变为厌氧状态，形成厌氧性膜。这样，生物膜便由好氧层和厌氧层组成。好氧层的厚度一般为 2mm 左右，有机物的降解主要是在好氧层内进行。在生物膜内、外，生物膜与水层之间进行着多种物质的传递过程。空气中的氧溶解于流动水层中，通过附着水层传递给生物膜，供微生物呼吸；污水中的有机污染物则由流动水层传递给附着水层，然后进入生物膜，并通过微生物的代谢活动而被降解，使污水在流动过程中逐步得到净化。微生物的代谢产物如

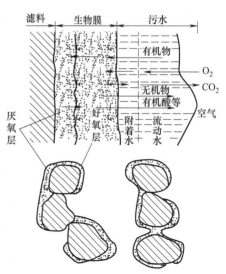

图 3-38　生物膜的构造与净化作用

H_2O 等通过附着水层进入流动水层，并随其排走，而 CO_2、NH_3 和 CH_4 等气态代谢产物则从水层逸出进入空气中。当厌氧层还不厚时，它与好氧层保持着一定的平衡与稳定关系，好氧层能够维持正常的净化功能。但当厌氧层逐渐增厚到一定程度时，其代谢产物也逐渐增多，向外逸出而透过好氧层，使好氧层生态系统的稳定遭到破坏，从而失去了这两种膜层之间的平衡关系，又因气态代谢产物的逸出，减弱了生物膜在滤料或载体上的固着力，处于这种状态的生物膜即为老化生物膜。在水力冲刷作用下易于脱落。老化的生物膜脱落后，滤料或载体表面又可重新吸附、生长、增厚生物膜直至重新脱落，而完成一个生长周期。在正常运行情况下，整个滤池的生物膜各个部分总是交替脱落的，池内活性生物膜数量相对稳定。

三、生物滤池

1. 生物滤池的一般构造

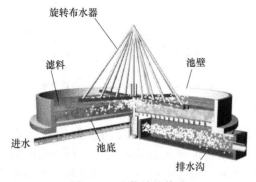

图 3-39　生物滤池构造

生物滤池一般采用钢筋混凝土或砖石筑造，池平面有方形、矩形或圆形，其中以圆形为多，主要部分是由滤料、池壁、布水系统和排水系统组成的，其构造如图 3-39 所示。

（1）滤料　滤料作为生物膜的载体，对生物滤池的净化功能影响较大。滤料表面积越大，生物量越大。但是，单位体积滤料所具有的表面积越大，滤料粒径必然越小，滤料间孔隙也会相应减少，影响滤池通风，对滤池工作不利。

滤料粒径的选择应综合考虑有机负荷和水力负荷等因素，当有机物浓度高时，应采用较大的粒径。滤料应有足够的机械强度，能承受一定的压力；其容重应小，以减少支承结构的荷载；滤料应既能抵抗污水、空气、微生物的侵蚀，又不能含有影响微生物生命活动的杂质；滤料应能就地取材，价格便宜，加工容易。

生物滤池以前常采用的滤料有碎石、卵石、炉渣、焦炭等，粒径为 25～100mm，滤层厚度为 0.9～2.5m，平均 1.8～2.0m。近年来，生物滤池多采用塑料填料，主要是由聚氯乙烯、聚乙烯、聚苯乙烯、聚酰胺等材料加工成波纹板、蜂窝管、环状及空圆柱等复合式滤料。这些滤料的比表面积高达 100～340m²/m³，空隙率高达 90% 以上，从而改善了生物膜的生长和通风条件，使处理能力大大提高。

（2）池壁　池体在平面上多呈方形、矩形或圆形；池壁起围挡滤料的作用，一些滤池的池壁上带有许多孔洞，用以促进滤层的内部通风。一般池壁顶应高出滤层表面 0.4～0.5m，防止风力对池表面均匀布水的影响。池壁下部通风孔总表面积不应小于滤池表面积的 1%。

（3）布水系统　布水装置设在填料层的上方，用以均匀喷洒污水。早期使用的布水装置是间歇喷淋式的，每两次喷淋的间隔时间为 20～30min，让生物膜充分通风。后来发展为连续喷淋，使生物膜表面形成一层流动的水膜，这种布水装置布水均匀，能保证生物膜得到连续的冲刷。一般采用的连续布水装置是旋转布水器，见图 3-40。

旋转布水器通用于圆形或多边形生物滤池，它主要由进水竖管和可转动的布水横管组成，固定的竖管通过轴承和配水短管联系，配水短管连接布水横管，并一起旋转。布水横管一般为 2～4 根，横管中心高出滤层表面 0.15～0.25m，横管沿一侧的水平方向开设有直径10～15mm 的布水孔。为使每孔的洒水服务面积相等，靠近池中心的孔间距应较大，靠近池边的孔间距应较小。当布水孔向外喷水时，在反作用力推动下布水横管旋转。为了使污水能均匀喷洒到滤料上，每根布水横管上的布水位置应该错开，或者在布水孔外设可调节角度的挡水板，使污水从布水孔喷出后能成线状，均匀地扫过滤料表面。旋转布水器所需水头一般为 0.25～1.0m，旋转速度为 0.5～9r/min。

（4）排水系统　排水系统用以排除处理水，支撑滤料及保证通风。排水系统通常分为两层，即滤料下的渗水装置和底板处的集水沟和排水沟。常见渗水装置如图 3-41 所示。

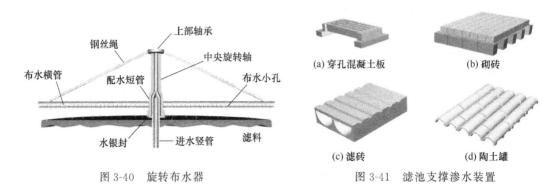

图 3-40　旋转布水器　　　　　图 3-41　滤池支撑渗水装置

渗水装置的排水面积应不小于滤池表面积的 20%，它同池底之间的间距应不小于0.4m。滤池底部可用坡度 0.01 的集水沟，污水经集水沟汇流入总排水沟，总排水沟的坡度应不小于 0.005。总排水沟及集水沟的过水断面应不大于沟断面积 50%，以保留一定的空气流通空间。沟内水流的设计流速应不小于 0.6m/s。如生物滤池的占地面积不大，池底可不设集水沟，而采用坡度为 0.005～0.01 的池底将水流汇向池内或四周的总排水沟。

2. 生物滤池的分类

生物滤池可根据设备形式不同分为普通生物滤池和塔式生物滤池。

（1）普通生物滤池（滴滤池）　普通生物滤池由于负荷率低，污水的处理程度较高。一般生活污水经滤池处理后，出水 BOD_5 常小于 20～30mg/L，并有溶解氧和硝酸盐存在于水中，出水中夹带的固体物质量小，无机化程度高，沉降性好。这说明在普通生物滤池中，不仅进行着有机污染物的吸附、氧化，而且也进行硝化反应。其缺点是水力负荷、有机负荷均较低，占地面积大，水力冲刷能力小，容易引起滤层堵塞，影响滤池通风。其一般适用于处理每日污水量不高于 1000m³ 小城镇污水。

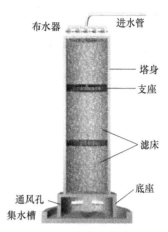

图 3-42　塔式生物滤池

（2）塔式生物滤池　塔式生物滤池，简称塔滤，平面多呈圆形，一般高达 8～24m，直径 1～3.5m，塔高为塔径的 6～8 倍，由塔身、滤料、布水系统、通风和排水装置所组成，如图 3-42 所示。

① 塔身。塔身一般可用砖砌筑，也可以现场浇筑钢筋混凝土或预制构件在现场组装；也可以采用钢框架结构，四周用塑料板或金属板围嵌，这样能使整个池体重量大为减轻。塔身一般沿高度分层建造，在分层处设格栅，格栅承托在塔身上，使滤料的重荷分层负担，每层以不大于 2m 为宜，以免将滤料压碎。每层都应设检修孔，以便更换滤料；还应设测温孔和观察孔，以便测量池内温度和观察塔内生物膜的生长情况和滤料表面布水均匀程度，并取样分析。塔顶上缘应高出最上层滤料表面 0.5m 左右，以免风吹影响污水均匀分布。一般来说，增加塔身高度，能够提高处理效果，改善出水水质，但超过一定限度，在经济上是不适宜的。

② 滤料。塔式生物滤池宜采用轻质滤料，使用比较多的是玻璃钢蜂窝状和波形板状填料等（见图 3-43）。它们具有较大的表面积，结构均匀，有利于空气流通和污水的均匀配布，流量调节幅度大，不易堵塞，效果良好。

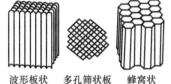

波形板状　多孔筛状板　蜂窝状

图 3-43　几种常用填料

③ 布水装置。布水装置与一般生物滤池的相同。对于大中型塔滤多采用旋转布水器，可用电动机驱动，也可靠污水的反作用力驱动。对于小型塔滤，则多采用固定喷嘴布水系统，也可用多孔管和溅水筛板。

④ 通风。塔式生物滤池一般都采用自然通风，塔底有高度为 0.4～0.6m 的空间，周围留有通风孔，其有效面积不得小于滤池面积的 7.5%～10%；也可采用机械通风，能吹脱有害气体。当采用机械通风时，可在滤池的上部和下部设吸气或鼓风的风机。要注意空气在滤池平面上的均匀分布，并防止冬季池温降低，影响处理效果。

（3）曝气生物滤池（BAF）　目前，曝气生物滤池具有去除 SS、COD、BOD，硝化，脱氮除磷，除去 AOX（有害物质）的作用，其最大特点是集生物氧化和截留悬浮固体于一体，节省了后续的二次沉淀池，在保证处理效果的前提下，使污水处理工艺得到简化。此外，曝气生物滤池的有机污染物容积负荷高、水力负荷大、水力停留时间短、所需基建投资少、能耗及运行成本低，同时该工艺出水水质高。

① 曝气生物滤池的构造与工作原理。图 3-44 所示为曝气生物滤池的构造示意图。池内底部设承托层，其上部则是作为滤料的填料。在承托层设置曝气用的空气管及空气扩散装置，处理水集水管兼作反冲洗水管，也设置在承托层内。被处理的原污水，从池上部进入池体，并通过由填料组成的滤层，在填料表面有由微生物栖息形成的生物膜。在污水滤过滤层

的同时，由池下部通过空气管向滤层进行曝气，空气由填料的间隙上升，与下流的污水相向接触，空气中的氧转移到污水中，向生物膜上的微生物提供充足的溶解氧和丰富的有机物。在微生物的新陈代谢作用下，有机污染物被降解，污水得到处理。原污水中的悬浮物及由于生物膜脱落形成的生物污泥，被填料所截留。滤层具有二次沉淀池的功能。当滤层内的截污量达到某种程度时，对滤层进行反冲洗，反冲洗水通过反冲洗水排放管排出。

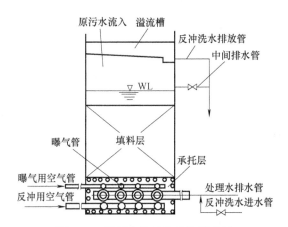

图 3-44　曝气生物滤池构造示意图

图 3-45 所示是以曝气生物滤池为核心的污水处理工艺流程。在本工艺前应设以固液分离为主体，去除悬浮物质效果良好的前处理工艺。由曝气生物滤池排出的含有大量生物污泥的反冲洗水进入反冲洗水池，然后流入前处理工艺，并和固液分离产生的污泥一道处理。从曝气生物滤池流出的处理水，进入处理水池，在那里经投氯消毒。在接触池后不设二次沉淀池，滤池的滤料层具有截留悬浮物和脱落生物膜的作用，用以代替二沉池。

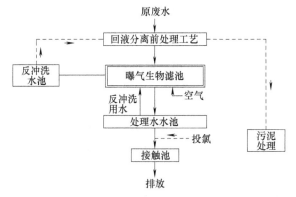

图 3-45　以曝气生物滤池为核心的污水处理工艺流程

② 曝气生物滤池的特征。作为二级处理工艺的曝气生物滤池，具有下列各项特征：a. 反应时间短，经短时间的接触，即可取得水质良好、稳定的处理水；b. 便于维护管理，曝气生物滤池在运行过程中，无需污泥回流，同时也没有污泥膨胀现象发生，曝气生物滤池的运行操作主要调整空气量和反冲洗，而后者能够实现自控，因此，曝气生物滤池是便于维护管理的；c. 占地少，曝气生物滤池，反应时间短，具有同步去除 BOD 及悬浮物的功能，可以不设二沉池，因此占地少，曝气生物滤池占地面积为传统活性污泥法系统的 2/3，是氧化沟的 1/3；d. 节能，曝气生物滤池在电力消耗问题上，大致和传统活性污泥法相当，为氧

化沟的 2/3；e. 空气用量较少，曝气生物滤池的空气用量，大致相当于传统活性污泥法系统，为氧化沟空气用量的 2/3；f. 对季节变动的适应性较强；g. 对水量变动有较大的适应性；h. 能够处理低浓度的污水，能够适应低浓度污水的处理，并取得良好的处理水质；i. 具有很强的硝化功能；曝气生物滤池的滤层内能够成活高浓度的硝化菌，在去除有机污染物的同时，产生硝化反应；j. 适应的水温范围广泛，在高水温及 10℃ 以下的低水温条件下，曝气生物滤池都能够取得良好的处理水质。这是因为在滤层内保持着高浓度的生物量，可能产生稳定的生物反应和过滤作用所致。但曝气生物滤池反冲洗水量大，约占处理水量的 15%～25%。

3. 生物滤池运行中异常问题及处理措施

（1）滤池积水　滤池积水的原因主要有：①滤料的粒径太小或不够均匀；②由于温度的骤变使滤料破裂以致堵塞空隙；③处理设备运转不正常，导致滤池进水中的悬浮物浓度过高；④生物膜的过度剥落堵塞了滤料间的空隙；⑤滤料的有机负荷过高。

滤池积水的预防和处理措施有：①把松滤池表面的滤料；②用高压水流冲洗滤料表面；③停止运行积水面上的布水器，让连续的污水流将滤料上的生物膜冲走；④向滤池进水中投配一定量的游离氯（15mg/L），历时数小时，隔周投配；投配时间可在晚间低流量时期，以减小氯的需要量；⑤停转滤池一天或更长一些时间以便使积水滤干；⑥对于有水封墙和可以封住排水渠的滤池，可用污水淹没滤池并持续至少一天的时间；⑦如以上方法均无效时，可以更换滤料，这样做比清洗旧滤料更经济。

（2）滤池蝇问题　防治滤池蝇的方法有：①滤池连续进水不可间断；②按照与减少积水相类似方法减少过量的生物膜；③每周或隔周用污水淹没滤池一天；④彻底冲淋滤池暴露部分的内壁，如尽可能延长布水横管，使污水能洒布于壁上，若池壁保持潮湿，则滤池蝇不能生存；⑤在厂区内消除滤池蝇的避难所；⑥在进水中加氯，使余氯为 0.5～1mg/L，加药周期为 1～2 周，以避免滤池蝇完成生命周期；⑦在滤池壁表面施药杀灭欲进入滤池的成蝇，施药周期约 4～6 周，即可控制滤池蝇，但在施药前应考虑杀虫剂对受纳水体的影响。

（3）臭味　滤池是好氧的，一般不会有严重的臭味，若有臭鸡蛋味，则表明存在厌氧的区域。臭味的防治措施有：①维持所有设备（包括沉淀和污水系统）均为好氧状态；②降低污泥和生物膜的积累量；③当流量低时向滤池进水中短期加氯；④出水回流；⑤保持整个污水厂的清洁；⑥避免下水系统出现堵塞；⑦清洗所有滤池通风口；⑧将空气压入滤池的排水系统以加大通风量；⑨避免高负荷冲击，如避免牛奶加工厂、罐头厂高浓度污水的进入，以免引起污泥的积累；⑩在滤池上加盖并对排放气体除臭。此外，美国曾用加过氧化氢到初级塑料滤池出水除臭，丹麦还曾用塑料球覆盖在滤池表面上除臭等。

（4）滤池表面结冰问题　滤池在冬天不仅处理效率低，有时还可能结冰，使其完全失效。防止滤池结冰的措施有：①减少出水回流倍数，有时可完全不回流，直至气候暖和为止；②调节喷嘴，使之布水均匀；③在上风向设置挡风屏；④及时清除滤池边表面出现的冰块；⑤当采用二级滤池时，可使其并联运行，减少回流量或不回流，直至气候转暖。

（5）布水管及喷嘴的堵塞问题　布水管及喷嘴的堵塞会使污水在滤料表面上分布不均，结果使进水面积减少，处理效率降低；若大部分喷嘴堵塞严重，会使布水器内压增高而爆裂。

布水管及喷嘴堵塞的防治措施有：清洗所有孔口，提高初次沉淀池对油脂和悬浮物的去除率，维持滤池适当的水力负荷以及按规定对布水器进行涂油润滑等。

（6）生物膜过厚的问题　生物膜内部厌氧层异常增厚，可发生硫酸盐还原，污泥发黑发臭，导致生物膜活性低下，大块脱落，使滤池局部堵塞，造成布水不均，不堵的部位流量及负荷偏高，出水水质下降。

防止生物膜过厚的措施有：①加大回流量，借助水力冲脱过厚的生物膜；②采取两级滤池串联，交替进水；③低频进水，使布水器的转速减慢，从而使生物膜厚度下降。

四、生物接触氧化池

1. 构造

生物接触氧化池也称为淹没式生物滤池，主要由池体、填料、支架、曝气装置、进出水装置和排泥管等组成，如图 3-46 所示。

（1）池体　接触氧化池的池体在平面上多呈圆形、矩形或正方形，用钢筋混凝土浇灌成或钢板焊接制成。池内填料高度一般为 3.0～3.5m，底部布水层高为 0.6～0.7m，顶部稳定水层为 0.5～0.6m，总高度为 4.5～5.0m。

（2）布水装置　布水装置的作用是使进入生物接触氧化池的污水均匀分布。当处理水量较小时，采用直接进水方式；当处理水量较大时，可采用进水堰或进水廊道等方式。

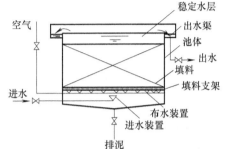

图 3-46　生物接触氧化池的基本构造

（3）曝气装置　曝气装置是接触氧化池的重要组成部分，与填料上的生物膜充分发挥降解有机污染物的作用、维持氧化池的正常运行和提高生化处理效率有很大关系，并且同氧化池的动力消耗有关。曝气装置的作用是充氧以维持微生物正常活动；进行充分搅动，形成紊流；防止填料堵塞，促进生物膜更新。

（4）填料　填料是生物膜的载体，也起截留悬浮物作用，是接触氧化池的关键部位，直接影响处理效果。同时，它的费用在接触氧化系统的建设中占有的比重较大，所以选择适宜的填料关系到接触氧化技术的经济合理性。

接触氧化池填料的选择要求是比表面积大，空隙率大，水力阻力小，水流流态好，利于发挥传质效应；有一定的生物附着力，形状规则，尺寸均一，表面粗糙度较大；化学与物理性能稳定，经久耐用；货源充足，价格便宜，运输和施工安装方便。

目前，生物接触氧化池中常用的填料有组合填料、软性纤维填料、弹性填料、蜂窝状填料等（见图 3-47），还有波纹板状填料、悬浮球填料和不规则填料等。

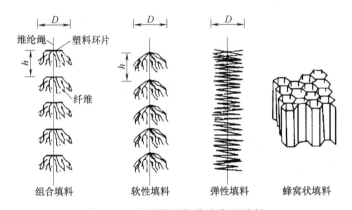

图 3-47　几种接触氧化池常用填料

2. 工作原理

在生物接触氧化池内充填填料，使污水淹没填料，采用与曝气池相同的曝气方法，经曝气的污水以一定的流速流经填料层，使填料表面长满生物膜。曝气使污水与生物膜广泛接触，在生物膜上微生物的作用下，污水中的有机污染物被去除，污水得到净化。

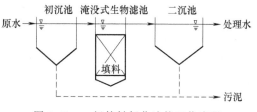

3. 工艺流程

生物接触氧化法的工艺流程一般可以分为一级（见图 3-48）、二级（见图 3-49）和多级等几种形式。

图 3-48 一级接触氧化池的工艺流程

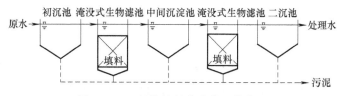

图 3-49 二级接触氧化池的工艺流程

在一级处理流程中，污水经初次沉淀池预处理后进入接触氧化池，出水经过二次沉淀池进行泥水分离后作为处理水排放。在二级处理流程中，两段接触氧化池串联运行，两个氧化池中间的沉淀池可设也可不设，在第一级氧化池内，有机污染物与微生物比值较高（F/M），微生物处于对数增长期，BOD 负荷高，有机物去除较快，同时生物膜增长较快，在后一级氧化池内 F/M 较低，微生物增殖处于减速增长期或内源呼吸期，BOD 负荷低，处理水水质提高；多级处理流程是连续串联两座或多座生物接触氧化池组成的系统，在各池内有机污染物的浓度差异较大，前级池内 BOD 浓度高，后级则较低，因此，每池内的生物相也有很大不同，前级以细菌为主，后级则可出现原生动物或后生动物，这对处理有利，处理水水质非常稳定。另外，多级接触氧化池具有硝化和生物脱氮功能。

4. 特点

生物接触氧化法融合了生物膜法和活性污泥法的优点，既有生物膜工作稳定和耐冲击、操作简单的特点，又有活性污泥悬浮生长、与污水接触良好的特点。因此，其深受污水处理领域的重视。

生物接触氧化处理技术具有较强的适应冲击负荷的能力，操作简单，运行方便，不需要污泥回流，并且污泥生成量少，污泥颗粒较大，易于沉淀。

5. 生物接触氧化池运行中的异常问题及处理措施

（1）生物膜过厚、结球 在采用生物接触氧化法工艺的污水处理系统中，在进入正常运行阶段后的初期，效果往往逐渐下降，究其原因是因为在挂膜结束后的初期生物膜较薄、生物代谢旺盛、活性强，随着运行的兼性生物膜不断生长加厚，由于周围悬浮液中溶解氧被生物膜吸收后须从膜表面向内渗透转移，途中不断被生物膜上的好氧微生物所吸收利用，膜内层微生物活性低下，进而影响到处理的效果。

在固定悬浮式填料的处理系统中，应在氧化池不同区段下部悬挂不固定的一段填料，操作人员应定期将填料提出水面观察其生物膜的厚度，在发现生物膜不断增厚，生物膜呈黑色并散发出臭味，运行日报表也显示处理效果不断下降时应采取措施"脱膜"，此时可通过瞬时的大流量、大气量的冲刷使过厚的生物膜从填料上脱落下来，此外还可以采用"闷"的方法，即停止曝气一段时间，产生的气体会使生物膜与填料间的"黏性"降低，此时再以大气量冲刷，脱膜效果较佳。

（2）积泥过多 在接触氧化池中悬浮生长的"污泥"主要来源于脱落的老化生物膜，预处理阶段未分离彻底的悬浮固体也是其中一个原因。较小絮体及解絮的游离细菌可随出水外流，而吸附了大量砂粒杂质的大块絮体密度较大，难以随出水流出而沉积在池底。这类大块的絮体若未能从池中及时排出，会逐渐自身氧化，同时释放出的代谢产物称之为"二次基质"，会提高处理系统的负荷，其中一部分代谢产物属于不可生物降解的组分，会使出水COD升高，并因此影响处理的效果。另外，池底积泥过多还会引起曝气器微孔堵塞。为了避免这种情况的发生，应定期检查氧化池底部是否积泥，池中悬浮固体的浓度（脱落的生物膜）是否过高，一旦发现池底积有黑臭污泥或悬浮物浓度过高时，应及时借助于氧化池中的排泥系统排泥。由于排泥口较少，在排泥时常常发现排泥数分钟甚至几十秒后黑臭污泥迅速减少，而代之以上层的悬浊液，这是因为沉积在池底的污泥流动性较差所致，这时可采用一面曝气一面排泥的方式，通过曝气使池底积泥松动后再排，必要时还可以在空压机的出气口中临时安装橡胶管，管前端安装一细小的铜管或塑料管，人工移动管口朝着池子的四角及易积泥的底部充气，使积泥重新悬浮后随出水外排或从排泥口排走。如此操作有利于污泥的更新，促使污泥"吐故纳新"。

子情境三 污水中有机污染物的厌氧生物处理

【任务描述】

任务目标	1. 知识目标 (1)掌握厌氧生物处理的两阶段理论；了解三阶段、四阶段理论；理解厌氧生物处理的概念、特点、应用现状 (2)掌握 UASB 反应器的构造(每部分的作用)、工作原理、启动过程 (3)了解 UASB 反应器的特点、颗粒污泥的性质、成分、类型、特点等 2. 能力目标 能够完成 UASB 工艺操作 3. 素质目标 具备一定的自学、语言表达、计算机应用、沟通合作、组织协调的能力
基本任务	UASB 反应器： (1)组成；每部分的作用 (2)UASB 反应器中最重要的设备；作用；组成 (3)讲述 UASB 反应器的工作原理 (4)UASB 反应器的初次启动 ①初次启动分为几个阶段；每个阶段的主要任务 ②初次启动完成的判断标准
技能任务	UASB 工艺操作
探索任务	1. 与好氧生物处理工艺相比，厌氧生物处理工艺有哪些特点？ 2. 讲述厌氧生物处理的两阶段、三阶段、四阶段理论 3. 颗粒污泥是 UASB 反应器的一个重要特征，它的性质是什么？ 4. 缩短 UASB 反应器启动时间的途径有哪些？

【知识链接】

近年来，厌氧过程反应机理和新型高效厌氧反应技术的研究都取得重要进展。厌氧生物处理技术不仅用于处理有机污泥、高浓度有机污水，而且还能有效地处理诸如城市污水这样的低浓度污水，具有十分广阔的发展前景，在污水生物处理领域发挥着越来越大的作用。

一、厌氧生物处理的机理

污水的厌氧生物处理，也称厌氧消化，是指在无分子氧条件下，通过厌氧微生物（包括兼性厌氧微生物）的新陈代谢作用，将污水中各种复杂的有机物分解转化为小分子物质（主要是 CH_4、CO_2、H_2S 等）的处理过程。厌氧消化涉及众多的微生物种群，并且各种微生物种群都有相应的营养物质和各自的代谢产物。各微生物种群通过直接或间接的营养关系，组成了一个复杂的共生系统。

由于厌氧反应是一个极其复杂的过程，从 20 世纪 30 年代开始，有机物的厌氧消化过程被认为是由不产甲烷的发酵细菌和产甲烷的产甲烷细菌共同作用的两阶段厌氧消化过程，如图 3-50 所示。

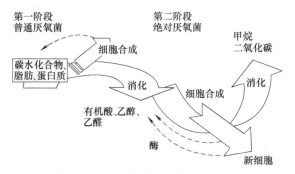

图 3-50 两阶段厌氧消化过程示意图

第一阶段常被称做酸性发酵阶段，即由发酵细菌把复杂的有机物水解和发酵（酸化）成低分子中间产物，如形成脂肪酸（挥发酸）、醇类、CO_2 和 H_2 等；因为在该阶段有大量脂肪酸产生，使发酵液的 pH 值降低，所以此阶段被称为酸性发酵阶段或产酸阶段。第二阶段常被称做碱性或甲烷发酵阶段，是由产甲烷细菌将第一阶段的一些发酵产物进一步转化为 CH_4 和 CO_2 的过程。由于有机酸在第二阶段不断被转化为 CH_4 和 CO_2，同时系统中有 NH_4^+ 的存在，使发酵液的 pH 值不断上升，所以此阶段被称为碱性发酵阶段或产甲烷阶段。

两阶段理论简要地描述了厌氧生物处理过程，但没有全面反映厌氧消化的本质。研究表明，产甲烷菌能利用甲酸、乙酸、甲醇、甲基胺类和 H_2/CO_2，但不能利用两碳以上的脂肪酸和除甲醇以外的醇类产生甲烷，因此两阶段理论难以确切地解释这些脂肪酸或醇类是如何转化为 CH_4 和 CO_2。

随着对厌氧消化微生物研究的不断深入，厌氧消化中不产甲烷细菌和产甲烷细菌之间的相互关系更加明确。1979 年，伯力特（Bryant）等人根据微生物的生理种群，提出的厌氧消化三阶段理论，是当前较为公认的理论模式。该理论认为产甲烷菌不能利用除乙酸、H_2/CO_2 和甲醇等以外的有机酸和醇类，长链脂肪酸和醇类必须经过产氢产乙酸菌转化为乙酸、CO_2 和 H_2 等后，才能被甲烷菌利用。三阶段厌氧消化过程如图 3-51 所示。

第一阶段为水解发酵阶段。在该阶段，复杂的有机物在厌氧菌胞外酶的作用下，首先被分解成简单的有机物，如纤维素经水解转化成较简单的糖类；蛋白质转化成较简单的氨基酸；脂类转化成脂肪酸和甘油等。继而这些简单的有机物在产酸菌的作用下，经过厌氧发酵

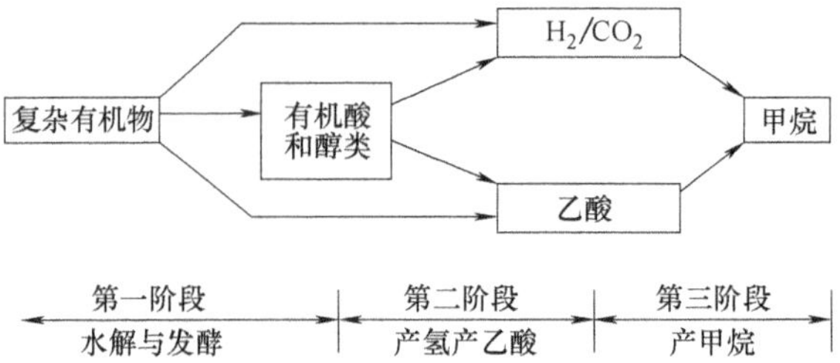

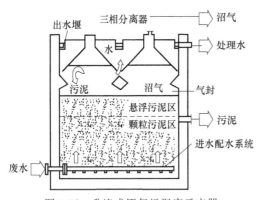

图 3-51　三阶段厌氧消化过程示意图

和氧化，转化成乙酸、丙酸、丁酸等脂肪酸和醇类等。参与这个阶段的水解发酵菌主要是专性厌氧菌和兼性厌氧菌。第二阶段为产氢产乙酸阶段。在该阶段，产氢产乙酸菌把除乙酸、甲烷、甲醇以外的第一阶段产生的中间产物，如丙酸、丁酸等脂肪酸和醇类等转化成乙酸和氢，并有 CO_2 产生。第三阶段为产甲烷阶段。在该阶段中，产甲烷菌把第一阶段和第二阶段产生的乙酸、CO_2 和 H_2 等转化为甲烷。

产酸细菌有兼性的，也有厌氧的，而甲烷细菌则是严格的厌氧菌。甲烷细菌对环境的变化，如 pH 值、重金属离子、温度等的变化，较产酸细菌敏感得多，细胞的增殖和产 CH_4 的速度都慢得多。因此，厌氧反应的控制阶段是产甲烷阶段，产甲烷阶段的反应速度和条件决定了厌氧反应的速度和条件。实质上，厌氧反应的控制条件和影响因素就是产甲烷阶段的控制条件和影响因素。

二、升流式厌氧污泥床反应器（UASB）

UASB 反应器区别于其他厌氧生物处理装置的不同之处在于：①污水由下向上流过反应器；②污泥无需特殊的搅拌设备；③反应器顶部有特殊的三相分离器。其突出的优点是处理能力大、处理效率高、运行性能稳定。

1. UASB 的构造

UASB 反应器如图 3-52 所示。

（1）进水配水系统　进水配水系统的作用主要是将污水尽可能均匀地分配到整个反应器中，并具有一定的水力搅拌功能。它是反应器高效运行的关键之一。

（2）反应区　包括污泥床区和污泥悬浮层区，有机物主要在这里被厌氧菌所分解，

图 3-52　升流式厌氧污泥床反应器

是反应器的主要部位。污泥床主要由沉降性能良好的厌氧污泥组成，SS 质量浓度可达 $50\sim100g/L$ 或更高。污泥悬浮层主要靠反应过程中产生的气体的上升搅拌作用形成，污泥质量浓度较低，SS 一般在 $5\sim40g/L$ 范围内。

（3）三相分离器　由沉淀区、回流缝和气封组成，其功能是把沼气、污泥和液体分开。污泥经沉淀区沉淀后由回流缝回流到反应区，沼气分离后进入气室。三相分离器的分离效果将直接影响反应器的处理效果。

（4）出水系统　其作用是把沉淀区表层处理过的水均匀地加以收集，排出反应器。

（5）气室　也称集气罩，其作用是收集沼气。

（6）浮渣清除系统　其功能是清除沉淀区液面和气室表面的浮渣，如浮渣不多可省略。

（7）排泥系统　其功能是均匀地排除反应区的剩余污泥。

UASB 反应器中最重要的设备是三相分离器，这一设备安装在反应器的顶部并将反应器分为下部的反应区和上部的沉淀区。三相分离器的一个主要目的就是尽可能有效地分离从污泥床中产生的沼气，特别是在高负荷的情况下。集气室下面反射板的作用是防止沼气通过集气室之间的缝隙逸出沉淀室。另外，挡板还有利于减少反应室内高产气量所造成的液体紊动。

2. UASB 的工作原理

在底部反应区内存留大量厌氧污泥，具有良好的沉淀性能和凝聚性能的污泥在下部形成污泥层；污水从厌氧污泥床底部均匀流入与污泥层中的污泥混合接触，污泥中的微生物分解污水中的有机物，并将其转化为沼气；沼气以微小气泡形式不断放出，微小气泡在上升过程中，不断合并，逐渐形成较大的气泡，在污泥床上部由于沼气的搅动形成一个污泥浓度较稀薄的悬浮污泥层，一起上升进入三相分离器，沼气碰到分离器下部的反射板时，折向反射板的四周，然后穿过水层进入气室，集中在气室的沼气，通过导管导出；固液混合液经过反射进入三相分离器的沉淀区，污水中的污泥发生絮凝，颗粒逐渐增大，并在重力作用下沉降，沉淀至斜壁上的污泥沿着斜壁滑回厌氧反应区内，使反应区内积累大量的污泥，与污泥分离后的处理出水从沉淀区上部溢流堰溢出，然后排出反应器。

3. UASB 的特点

由于在 UASB 反应器中能够培养得到一种具有良好沉降性能和高产甲烷活性的颗粒厌氧污泥，因而相对于其他同类装置，颗粒污泥 UASB 反应器具有一定的优势。其突出特点为：①有机负荷较高，水力负荷能满足要求；②提供一个有利于污泥絮凝和颗粒化的物理条件，并通过工艺条件的合理控制，使厌氧污泥能保持良好的沉淀性能；③通过污泥的颗粒化和流化作用，形成一个相对稳定的厌氧微生物生态环境，并使其与基质充分接触，最大限度地发挥生物的转化能力；④污泥颗粒化后使反应器对不利条件的抗性增强；⑤用于将污泥或流出液人工回流的机械搅拌一般维持在最低限度，甚至可完全取消，尤其是颗粒污泥 UASB 反应器，由于颗粒污泥的密度比人工载体小，在一定的水力负荷下，可以靠反应器内产生的气体来实现污泥与基质的充分接触，因此，UASB 可省去搅拌和回流污泥所需的设备和能耗；⑥在反应器上部设置的三相分离器，使消化液携带的污泥能自动返回反应区内，对沉降良好的污泥或颗粒污泥避免了附设沉淀分离装置、辅助脱气装置和回流污泥设备，简化了工艺，节约了投资和运行费用；⑦在反应器内不需投加填料和载体，提高了容积利用率，避免了堵塞。

正因如此，UASB 反应器已成为第二代厌氧处理反应器中发展最为迅速、应用最为广泛的装置。目前 UASB 反应器不仅用于处理高、中等浓度的有机污水，也开始用于处理诸如城市污水这样的低浓度污水。

4. 启动 UASB

（1）初次启动　UASB 反应器的初次启动可以分为以下三个阶段。

第一阶段：启动初始阶段。在此阶段，反应器中的污染容积负荷应该低于 2kgCOD/$(m^3 \cdot d)$，或污泥有机负荷应在 $0.05 \sim 0.1$kgCOD/$(kg \cdot d)$。在这一阶段中，因为上升水流的冲刷与逐渐产生的少量沼气上逸的推动，一些细小分散的污泥可能会被冲刷流出反应器。因此在 UASB 反应器启动阶段不能追求反应器的处理效果、产气率与出水水质，而应该将污泥的驯化与颗粒化作为主要工作目标。

第二阶段：在这一阶段可以将反应器容积有机负荷上升至 $2 \sim 5$kgCOD/$(m^3 \cdot d)$。在此阶段中污泥逐渐出现颗粒状，同时在出水中被冲刷洗出的污泥相比第一阶段逐渐减少，这时被洗出的污泥多为沉降性能较差的絮状污泥。厌氧污泥的驯化过程在这个阶段完成。

第三阶段：这一阶段反应器的容积负荷增加到 5kgCOD/(m³·d)。絮状污泥迅速减少，颗粒状污泥的含量进一步增高，当反应器中普遍以颗粒污泥为主时，反应器的最大容积负荷可达到 50kgCOD/(m³·d)。当反应器中污泥颗粒化完成以后，反应器的启动也就完成了。

UASB 反应器启动的要点：①接种 VSS 污泥量为 12~15kg/m³；②初始污泥 COD 负荷率为 0.05~0.1kg/(kg·d)；③当进水 COD 质量浓度大于 5000mg/L 时，采用出水循环或稀释进水；④保持乙酸质量浓度约为 800~1000mg/L；⑤除非 VFA 降解率超过 80%，否则不增加污泥负荷率；⑥允许稳定性差的污泥流失，洗出的污泥不再返回反应器；⑦截住重质污泥。

（2）缩短 UASB 启动时间的新途径

① 投加无机絮凝剂或高聚物。为了保证反应器内的最佳生长条件，必要时可改变污水的成分，其方法是向进水中投加养分、维生素和促进剂等。Macarie 和 Gryot 研究发现，在处理生物难降解有机污染物亚甲基安息香酸污水时，向污水中投加 $FeSO_4$ 和生物易降解培养基后，可以有效地降低原系统的氧化还原能力，达到一个合适的亚甲基源水平，缩短 UASB 的启动时间。另一项研究表明，在 UASB 反应器启动时，向反应器内加入质量浓度为 750mg/L 的亲水性高聚物（WAP），能够加速颗粒污泥的形成，从而缩短启动时间。

② 投加细微颗粒物。在 UASB 启动初期，人为地向反应器中投加适量的细微颗粒物如黏土、陶粒、颗粒活性炭等，有利于缩短颗粒污泥的出现时间，但投加过量的惰性颗粒会在水力冲刷和沼气搅拌下相互撞击、摩擦，造成强烈的剪切作用，阻碍初成体的聚集和黏结，对于颗粒污泥的成长有害无益。在反应器中投加少量的陶粒、颗粒活性炭等，启动时间会明显缩短，这部分细颗粒物的体积约占反应器有效容积的 2%~3%。

（3）二次启动　尽管 UASB 的初次启动所消耗的时间很长，但一旦启动成功，即使放置不使用，要再次启动起来仍然比较容易。UASB 反应器二次启动过程可以比初次启动更快地增大有机负荷。若初次进水 COD 浓度为 3g/L，24d 后进水的 COD 浓度可以增至 6g/L，48d 后进水的 COD 浓度可以上升到 12g/L。二次启动，进水的污染负荷与浓度的增加方法与初次启动相似，每次增加负荷不应该超过原有负荷的 50%。在二次启动的运行过程中，反应器产气情况、出水的 VFA 浓度、COD 去除率、反应器中 pH 值等指标仍然是需要控制的因素。其控制方法与初次启动相同。

【考核评价】

情境三　考核评价表

学生信息		考核项目及赋分										
		基本项及赋分						技能项及赋分	加分项及赋分			情境考核及赋分
学号	学生姓名	出勤 (5)	态度 (5)	方案 (10)	基本问题 (15)	合作 (3)	劳动 (2)	技能任务/拓展任务 (30)	探索问题 (10)	综合任务 (7)	组长 (3)	综合考核 (10)
1												
2												
3												
*												

★【归纳提升】

一、应知应会

1. 填空题

(1) 按照微生物对氧的需求，生物处理可分为＿＿＿＿＿＿和＿＿＿＿＿＿两大类。

(2) 水的生物处理是利用微生物的作用来完成的，微生物的代谢对环境因素有一定的要求，影响微生物生长繁殖的主要因素有＿＿＿＿＿＿、＿＿＿＿＿＿、＿＿＿＿＿＿、＿＿＿＿＿＿、＿＿＿＿＿＿。

(3) 曝气方式可分为＿＿＿＿＿＿和＿＿＿＿＿＿两大类。

(4) 活性污泥能够连续从污水中去除有机物，是由＿＿＿＿＿＿、＿＿＿＿＿＿和＿＿＿＿＿＿等三个净化阶段完成的。

(5) 生物膜法是将微生物固定在＿＿＿＿＿＿上用于处理污水。

(6) 生物滤池有＿＿＿＿＿＿、＿＿＿＿＿＿、＿＿＿＿＿＿和＿＿＿＿＿＿四种。

(7) 生物膜由＿＿＿＿＿＿和＿＿＿＿＿＿两层组成，有机物的降解主要在＿＿＿＿＿＿层内进行。

(8) 厌氧生化法是在无分子氧的条件下，通过厌氧微生物的作用，将污水中的各种复杂有机物分解转化为＿＿＿＿＿＿和＿＿＿＿＿＿等物质的过程。

2. 简答题

(1) 提高污水可生化性的途径有哪些？

(2) 好氧生化处理与厌氧生化处理的区别是什么？

(3) 活性污泥法一般控制在其哪个增殖期内运行，为什么？

(4) 传统活性污泥法、吸附再生活性污泥法和完全混合活性污泥法各有什么特点？

(5) 简述活性污泥脱氮和除磷的原理、适宜条件及工艺流程。

(6) 简述生物膜结构及其工作原理。

(7) 生物接触氧化池的优缺点是什么？

(8) 试简述厌氧处理的基本原理。

二、灵活运用

1. 简述活性污泥法的基本操作过程。

2. 活性污泥处理系统有效运行的基本条件是什么？

3. 活性污泥法运行操作中常见的异常情况有哪些？可采取的解决措施是什么？

4. 曝气生物滤池运行中出现的异常问题有哪些？解决对策是什么？

5. 如何实现 UASB 反应器内污泥的颗粒化过程？

6. UASB 厌氧反应器运行过程中应控制的工艺参数有哪些？

7. 厌氧工艺运行管理的安全要求有哪些？

8. 如何进行厌氧生物反应器的启动和运行？

9. 如何进行二沉池的运行、管理？

10. 二沉池运行管理应注意哪些事项？

11. 二沉池运行过程中常见的异常问题及其解决对策有哪些？

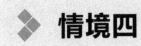

污水的三级处理

【情境分析】

经过二级处理后，污水中仍然存在难降解的有机物、氮和磷等能够导致水体富营养化的可溶性无机物、病原微生物等，通过三级处理可去除上述污染物，达到污水的再生、回用的目的。目前全世界的水资源十分紧张，因此，污水的三级处理已成为一种发展趋势。

子情境一　污水中细小悬浮颗粒、胶体微粒的去除

学习单元一　混凝沉淀

【任务描述】

任务 目标	1. 知识目标 (1)理解混凝法的原理、特点，混凝效果的影响因素等 (2)掌握混凝沉淀处理的流程及各个环节的作用、设备的构造、工作过程等 (3)掌握澄清池的类型、构造、工作过程、运行管理等 2. 能力目标 能够进行混凝沉淀池开车、停车操作 3. 素质目标 具备一定的自学、语言表达、计算机应用、沟通合作、组织协调的能力
基本 任务	1. 画出混凝沉淀处理的流程 2. 根据所绘制的流程图，讲述各环节的主要作用，设备的名称、类型、工作过程
技能 任务	混凝沉淀池开车、停车操作
探索与 拓展	1. 探索任务 (1)污水的三级处理和深度处理有何异同？ (2)影响混凝的因素有哪些？ 2. 拓展任务 混凝剂投加系统的开车、停车操作

【知识链接】

一、概述

1. 用途

混凝法是污水处理中常采用的方法，可以用来降低污水的浊度和色度，去除多种高分子

有机物、某些重金属物和放射性物质。此外，混凝法还能改善污泥的脱水性能。

2. 特点

混凝法的优点是设备简单，维护操作易于掌握，处理效果好，间歇或连续运行均可以；缺点是由于不断向污水中投药，经常性运行费用较高，沉渣量大，且脱水较困难。

二、混凝机理

混凝的主要对象是污水中的细小悬浮颗粒和胶体微粒，这些颗粒，很难用自然沉淀法从水中分离出去。混凝是通过向污水中投加混凝剂，使细小悬浮颗粒和胶体微粒聚集成较粗大的颗粒而沉淀，得以与水分离，使污水得到净化。

1. 污水中胶体颗粒的稳定性

污水中的细小悬浮颗粒和胶体微粒分量很轻，胶体微粒直径为 $10^{-3} \sim 10^{-8}$ mm。这些颗粒在污水中受水分子热运动的碰撞而作无规则的布朗运动，同时胶体微粒本身带电，同类胶体微粒带有同性电荷，彼此之间存在静电排斥力，因此不能相互靠近以结成较大颗粒而下沉。另外，许多水分子被吸引在胶体微粒周围形成水化膜，阻止胶体微粒与带相反电荷的离子中和，妨碍颗粒之间接触并凝聚下沉。因此，污水中的细小悬浮颗粒和胶体微粒不易沉降，总保持着分散和稳定状态。

2. 混凝原理

混凝剂对水中胶体粒子的混凝作用有 3 种，即电性中和、吸附架桥、网捕或卷扫作用。这 3 种作用究竟以何者为主，取决于混凝剂种类和投加量、水中胶体粒子性质、含量以及水的 pH 值等。这 3 种作用有时会同时发生，有时仅其中 1~2 种机理起作用。

三、常用混凝剂与助凝剂

1. 混凝剂

能够使水中的胶体微粒相互黏结和聚结的物质称为混凝剂，它具有破坏胶体的稳定性和促进胶体絮凝的功能。

常用的混凝剂是铝盐和铁盐。铝盐主要有硫酸铝 [$Al_2(SO_4)_3 \cdot 18H_2O$]、明矾 [$Al_2(SO_4)_3 \cdot K_2SO_4 \cdot 2H_2O$]、铝酸钠（$Na_3AlO_3$）、三氯化铝（$AlCl_3$）及碱式氯化铝 [$Al_n(OH)_mCl_{3n-m}$]。铁盐主要有硫酸亚铁（$FeSO_4$）、硫酸铁 [$Fe_2(SO_4)_3$] 及三氯化铁（$FeCl_3 \cdot 6H_2O$）。近年来，高分子混凝剂有很大发展，一般聚合物相对分子质量都很高，絮凝能力很强。如聚丙烯酰胺等，具有投量少、絮凝体沉淀速度大等优点，目前应用较普遍。

2. 助凝剂

在污水混凝处理中，有时使用单一的混凝剂不能取得良好的效果，往往需要投加辅助药剂以提高混凝效果，这种辅助药剂称为助凝剂。助凝剂的作用只是提高絮凝体的强度，增加其重量，促进沉降，且使污泥有较好的脱水性能，或者用于调整 pH 值，破坏对混凝作用有干扰的物质。助凝剂本身不起凝聚作用，因为它不能降低胶粒的 ζ 电位。

常用的助凝剂有以下两类。

① 调节或改善混凝条件的助凝剂，如 CaO、$Ca(OH)_2$、Na_2CO_3、$NaHCO_3$ 等碱性物质，用来调整 pH 值，以达到混凝剂使用的最佳 pH 值。用 Cl_2 作氧化剂，可以去除有机物对混凝剂的干扰，并将 Fe^{2+} 氧化为 Fe^{3+}（在亚铁盐做混凝剂时尤为重要），还有 MgO 等。

② 改善絮凝体结构的高分子助凝剂，如聚丙烯酰胺、活性炭、各种黏土等。

四、混凝装置与工艺过程

1. 混凝流程

混凝沉淀处理流程包括投药、混合、反应及沉淀分离。其示意流程如图 4-1 所示。

图 4-1　混凝沉淀示意图

混凝沉淀分为混合、反应、沉淀三个阶段。混合阶段的作用主要是将药剂迅速、均匀地分配到污水中的各个部分，以压缩污水中胶体颗粒的双电层，降低或消除胶粒的稳定性，使这些微粒能互相聚集成较大的微粒——绒粒。混合阶段需要剧烈短促的搅拌，作用时间要短，以获得瞬时混合时效果为最好。

反应阶段的作用是促使失去稳定的胶体粒子碰撞结大，成为可见的矾花绒粒，所以反应阶段需要较长的时间，而且只需缓慢地搅拌。在反应阶段，由聚集作用所生成的微粒与污水中原有的悬浮微粒之间或各自之间，由于碰撞、吸附、黏着、架桥作用生成较大的绒体，然后送入沉淀池进行沉淀分离。

2. 混凝剂溶液的配制及设备

投药方法有干投法和湿投法。干投法是把经过破碎易于溶解的药剂直接投入污水中。干投法占地面积小，但对药剂的粒度要求较严。投量控制较难，对机械设备的要求较高，同时劳动条件也较差，目前国内用得较少。湿投法是将混凝剂和助凝剂配成一定浓度溶液，然后按处理水量大小定量投加。

药剂调制有水力法、压缩空气法、机械法等。当投加量很小时，也可以在溶液桶、溶液池内进行人工调制。水力调制、人工调制、机械调制和压缩空气调制适用于各种药剂，但压缩空气调制不宜做长时间的石灰乳液连续搅拌。

3. 混凝剂的投加

混凝剂投加设备包括计量设备、药液提升设备、投药箱、必要的水封箱以及注入设备等。根据不同投药方式或投药量控制系统，所用设备也有所不同。

(1) 计量设备　药液投入原水中必须有计量或定量设备，并能随时调节。计量设备多种多样，应根据具体情况选用。计量设备有转子流量计、电磁流量计、苗嘴、计量泵（见图4-2）等。

(2) 投加方式

① 高位溶液池重力投加。当取水泵房距水厂较远时，应建造高位溶液池，利用重力将药液投入水泵压水管上，见图4-3，或者投加在混合池入口处。这种投加方式安全可靠，但溶液池位置较高。

图 4-2　计量泵

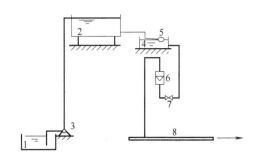

图 4-3　高位溶液池重力投加

1—溶解池；2—溶液池；3—提升泵；4—水封箱；
5—浮球阀；6—流量计；7—调节阀；8—压水管

② 水射器投加。利用高压水通过水射器喷嘴和喉管之间的真空抽吸作用将药液吸入，同时随水的余压注入到原水管中，见图 4-4。这种投加方式设备简单，使用方便，溶液池高度不受太大限制，但水射器效率较低，且易磨损。

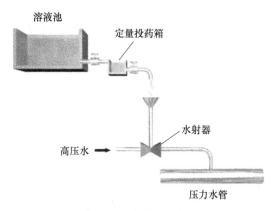

图 4-4　水射器投加

③ 泵投加。泵投加有两种方式：一种是采用计量泵（柱塞泵或隔膜泵），另一种是采用离心泵配上流量计。采用计量泵不必另备计量设备，泵上有计量标志，可通过改变计量泵行程或变频调速改变药液投加量，最适合用于混凝剂自动控制系统。图 4-5 为计量泵投加示意图。

4. 混合

污水与混凝剂和助凝剂进行充分混合，是进行反应和混凝沉淀的前提，混合要求速度快。

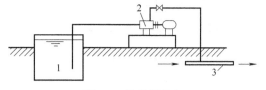

图 4-5　计量泵投加
1—溶液池；2—计量泵；3—压水管

（1）水泵混合　水泵混合是我国常用的混合方式。药剂投加在取水泵吸水管或吸水喇叭口处，利用水泵叶轮高速旋转以达到快速混合的目的。水泵混合效果好，不需另建混合设施，节省动力。水泵混合通常用于水泵靠近水处理构筑物的场合，两者间距不宜大于 150m。

（2）管式混合　目前广泛使用的管式混合器是"管式静态混合器"。混合器内按要求安装若干固定混合单元。每一混合单元由若干固定叶片按一定角度交叉组成。水流和药剂通过混合器时，将被单元体多次分割、改向并形成涡旋，达到混合目的。这种混合器构造简单，无活动部件，安装方便，混合快速而均匀。目前，我国已生产多种形式静态混合器，图 4-6

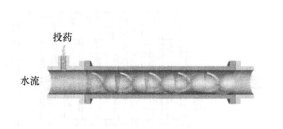
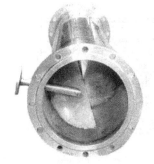

图 4-6　管式静态混合器

为其中一种。管式静态混合器的口径与输水管道相配合目前最大口径已达 2000mm。这种混合器水头损失稍大，但因混合效果好，在总体经济效益上具有优势。唯一缺点是当流量过小时效果降低。

（3）混合槽混合

① 机械混合槽。机械混合槽结构如图 4-7 所示。其多为钢筋混凝土制，通过桨板转动搅拌达到混合的目的。特别适用于多种药剂处理污水的情况，混合效果比较好。

② 分流隔板式混合槽。结构如图 4-8 所示。槽为钢筋混凝土或钢制，槽内设隔板，药剂于隔板前投入，水在隔板通道间流动的过程中与药剂达到充分混合。其混合效果比较好，但占地面积大，压头损失大。

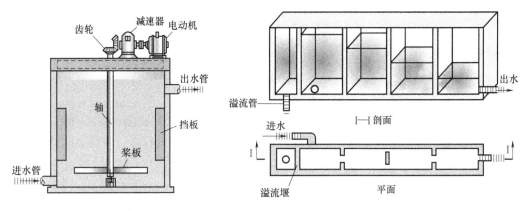

图 4-7　机械搅拌混合槽　　　　　图 4-8　分流隔板式混合槽

5. 反应

水与药剂混合后进入反应池进行反应。反应池内水流特点是变速由大到小，在反应流速较大时，水中的胶体颗粒发生碰撞吸附；在反应流速较小时，碰撞吸附后的颗粒结成更大的絮凝体（矾花）。

（1）隔板反应池

① 平流式隔板反应池。其结构如图 4-9 所示，多为矩形钢筋混凝土池子，池内设木质或水泥隔板，水流沿廊道回转流动，可形成很好的絮凝体。一般进口流速 0.5～0.6m/s，出口流速 0.15～0.2m/s，反应时间一般为 20～30min。它的优点是反应效果好，构造简单，施工方便。但其池容大，水头损失大。

② 回转式隔板反应池。其结构如图 4-10 所示，是平流式隔板反应池的一种改进形式，

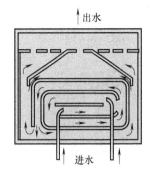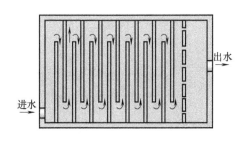

图 4-9　平流式隔板反应池　　　　　图 4-10　回转式隔板反应池

常和平流式沉淀池合建，其优点是反应效果好，压头损失小。隔板反应池适用于处理水量大且水量变化小的情况。

（2）涡流式反应池　涡流式反应池的结构如图 4-11 所示。下半部为圆锥形，水从锥底部流入，形成涡流扩散后缓慢上升，随锥体截面积变大，反应液流速也由大变小，流速变化的结果，有利于絮凝体形成。其优点是反应时间短，容积小，适用水量比隔板反应池小些。

6. 沉淀

进行混凝沉淀处理的污水经过投药混合反应生成絮凝体后，要进入沉淀池使生成的絮凝体沉淀与水分离，最终达到净化的目的。

五、澄清池

澄清池是用于混凝处理的一种设备。在澄清池内，可以同时完成混合、反应、沉淀分离等过程。其优点是占地

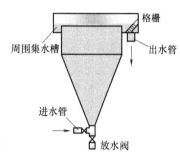

图 4-11　涡流式反应池

面积小，处理效果好，生产效率高，节省药剂用量；缺点是对进水水质要求严格，设备结构复杂。

澄清池的构造形式很多，从基本原理上可分为两大类：一类是悬浮泥渣型，有悬浮澄清池、脉冲澄清池；另一类是泥渣循环型，有机械加速澄清池和水力循环加速澄清池。目前常用的是机械加速澄清池。

机械加速澄清池简称加速澄清池，是一种常见的泥渣循环式澄清池。在澄清池中，泥渣循环流动，悬浮层中泥渣浓度较高，颗粒间相互接触的机会很大，因此投药少，效率高，运行稳定。

1. 构造

机械加速澄清池的构造如图 4-12 所示。

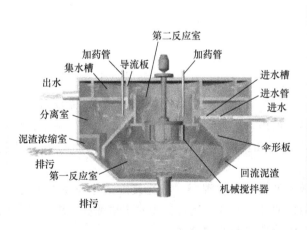

图 4-12　机械加速澄清池

加速澄清池多为圆形钢筋混凝土结构。小型的也有钢板结构的。其主要构造包括第一反应室、第二反应室、导流室和泥渣浓缩室，此外还有进水系统、加药系统、排泥系统、机械搅拌提升系统等。

2. 工作原理

污水从进水管通过环形配水三角槽，从底边的调节缝流入第一反应室，混凝剂可以加在配水三角槽中，也可以加到反应室中。第一反应室周围被伞形板包围着，其上部设有提升搅拌设备，叶轮的转动在第一反应室形成涡流，使污水、混凝剂以及回流过来的泥渣充分接触混合，由于叶轮的提升作用，水由第一反应室提升到第二反应室，继续进行混凝反应。第二反应室为圆筒形，水从筒口四周流到导流室。导流室内有导流板，使污水平稳地流入分离室，分离室的面积较大，使水流速度突然减小，泥渣便靠重力下沉与水分离。分离室上层清水经集水槽与出水管流出池外。下沉的泥渣一部分进入泥渣浓缩室，经浓缩后排放，而大部分泥渣在提升设备作用下通过回流缝又回到第一反应室，再以上述流程循环进行。

学习单元二　过　　滤

【任务描述】

任务目标	1. 知识目标 (1) 理解过滤法的原理、用途 (2) 掌握普通快滤池、虹吸滤池、重力式无阀滤池的构造、工作过程、常见问题等 2. 能力目标 能够进行普通快滤池开车前的检查 3. 素质目标 具备一定的自学、语言表达、计算机应用、合作、协调、信息检索的能力
基本任务	利用普通快滤池、虹吸滤池、重力式无阀滤池的构造图，讲解其过滤、反冲洗的过程
技能任务	普通快滤池开车前的检查
综合任务	利用各种资源查找有关 V 型滤池、压力过滤器的资料，并将查找结果以小组为单位用 PPT 讲述

【知识链接】

一、概述

过滤一般是指通过具有孔隙的颗粒状滤料层（如石英砂等）截留水中的悬浮物和胶体杂质，从而使水获得澄清的工艺过程。过滤的作用主要是去除水中的悬浮物或胶体杂质，特别是能有效地去除沉淀技术不能去除的微小颗粒和细菌等，而且对 BOD 和 COD 也有某种程度的去除效果。

在污水处理中，过滤常用于污水的深度处理，用在混凝、沉淀或澄清等处理工艺之后，以进一步去除污水中细小的悬浮颗粒，降低浊度。此外，还常作为对水质浊度要求较高的处理工艺，如活性炭吸附、离子交换除盐、膜分离法等的预处理。

二、过滤机理

1. 阻力截留

当污水自上而下流过颗粒滤料层时，粒径较大的悬浮颗粒首先被截留在表层滤料的空隙中，随着此层滤料间的空隙越来越小，截污能力也变得越来越大，逐渐形成一层主要由被截留的固体颗粒构成的滤膜，并由它起主要的过滤作用。这种作用属阻力截留或筛滤作用。悬浮物粒径越大，表层滤料和滤速越小，就越容易形成表层筛滤膜，滤膜的截污能力也越高。

2. 重力沉降

污水通过滤料层时，众多的滤料表面提供了巨大的沉降面积。重力沉降强度主要与滤料直径及过滤速度有关。滤料越小，沉降面积越大；滤速越小，则水流越平稳，这些都有利于悬浮物的沉降。

3. 接触絮凝

由于滤料具有巨大的比表面积，它与悬浮物之间有明显的物理吸附作用。此外，静电力等也会使滤料颗粒黏附水中的悬浮颗粒，像在滤料层内部发生接触絮凝。

在实际过滤过程中，上述三种机理往往同时起作用，只是随条件不同而有主次之分。对粒径较大的悬浮颗粒，以阻力截留为主，因这一过程主要发生在滤料表层，通常称为表面过滤。对于细微悬浮物，以发生在滤料深层的重力沉降和接触絮凝为主，称为深层过滤。

三、普通快滤池

1. 构造

快滤池的类型较多，其基本结构包括池体、滤料、承托层、配水系统和反冲洗装置等部分。普通快滤池的构造如图 4-13 所示。

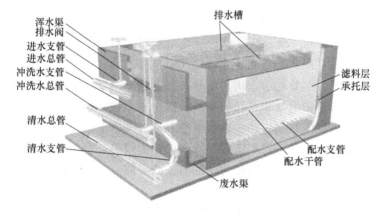

图 4-13　普通快滤池构造

（1）滤料　滤料的种类、性质、形状和级配是决定滤层截留杂质能力的重要因素。良好的滤料应具有截污能力强、过滤出水水质好、过滤周期长、产水量较高等特点。具有足够的机械强度、化学性质稳定和对人体无害的分散颗粒材料均可做水处理滤料，如石英砂、石榴石、无烟煤粒、重质矿粒以及人工生产的陶粒滤料、瓷料、纤维球、聚苯乙烯泡沫滤珠等。目前应用最广泛的是石英砂、无烟煤等颗粒滤料。

滤池分单层滤料滤池、双层滤料滤池和三层滤料滤池。后两种滤池较单层滤料滤池具有更强的截污能力。单层滤料滤池的构造简单，操作也简便，因而应用广泛；双层滤料滤池是在石英砂滤层上加一层无烟煤滤层；三层滤料是由石英砂、无烟煤、磁铁矿的颗粒组成的。

（2）承托层　承托层的作用主要是承托滤料，防止过滤时滤料漏入配水系统开孔而进入清水池；冲洗时起均匀布水作用。承托层一般采用卵石或砾石，按颗粒大小分层铺设。

（3）配水系统　配水系统的作用是保证反冲洗水均匀地分布在整个滤池断面上，而在过滤时也能均匀地收集滤后水,前者是滤池正常操作的关键。为了尽量使整个滤池面积上反冲洗水分布均匀,工程中常采用以下两类配水系统。

① 大阻力配水系统。大阻力配水系统是由穿孔的主干管及其两侧一系列支管以及卵石承托层组成的。每根支管上钻有若干个布水孔眼。这种配水系统在快滤池中被广泛应用。此系统的优点是配水均匀,工作可靠,基建费用低,但反冲洗水水头大,动力消耗大。

② 小阻力配水系统。小阻力配水系统是在滤池底部设较大的配水室,在其上面铺设阻力较小的多孔滤板、滤头等进行配水。小阻力配水系统的优点是反冲洗水头小,但配水不均匀。这种系统适用于反冲洗水头有限的虹吸滤池和重力式无阀滤池等。

2. 工艺过程

快滤池的工艺过程包括过滤、反冲洗两个基本阶段交替进行。

(1) 过滤　过滤时,开启进水支管与清水支管的阀门;关闭冲洗水支管阀门与排水阀,污水依次经过进水总管、支管、浑水渠进入滤池,进入滤池的水经过滤料层、承托层过滤后,由配水支管汇集起来,再经配水干管、清水支管、清水总管流往清水池。污水流经滤料层时,水中悬浮物和胶体杂质被截留在滤料表面和内层孔隙中。随着过滤过程的进行,滤料层截留的杂质不断积累,滤料层内孔隙由上至下逐渐被堵塞,水流通过滤层的阻力和水头损失随之增多。当水头损失达到允许的最大值时或出水水质达到某一规定值时,滤池就要停止过滤,进行反冲洗工作。

(2) 反冲洗　反冲洗时,冲洗水的流向与过滤完全相反,从滤池底部向滤池上部流动。首先,关闭进水支管与清水支管阀门,然后开启排水阀与冲洗支管阀门。冲洗水依次经过冲洗水总管、冲洗水支管、配水干管进入配水支管,冲洗水通过支管及其上面的许多孔眼流出,由下而上流过承托层和滤料层,均匀地分布在滤池平面上。滤料在由下而上的水流中处于悬浮状态,由于水流剪切力及颗粒间的相互碰撞作用,滤料颗粒表面杂质被剥离下来,从而得到清洗。冲洗污水经浑水渠、冲洗排水槽进入污水渠排出池外。冲洗完毕后,即可关闭冲洗水支管阀门与排水阀,开启进水支管与清水支管的阀门,重新开始下一循环的过滤。从过滤开始到过滤停止之间的过滤时间称为滤池的过滤周期。过滤周期与滤料组成、进水水质等因素有关,一般在 8～48h 之间。

滤池冲洗质量的好坏,对滤池的正常工作有很大影响,滤池反冲洗的目的是恢复滤料层(砂层)的工作能力,要求在滤池冲洗时,应满足下列条件:①冲洗水在整个底部平面上应均匀分布,这是借助配水系统完成的;②冲洗水要求有足够的冲洗强度和水头,使砂层达到一定的膨胀高度;③要有一定的冲洗时间;④冲洗的排水要迅速排出。

四、虹吸滤池

虹吸滤池的进水和冲洗水的排除都是由虹吸完成的,因此称为虹吸滤池。其构造如图 4-14 所示。

虹吸滤池通常是由 6～8 格单元滤池所组成的一个过滤整体,称为"一组(座)滤池",平面形状多为矩形,呈双排布置。

过滤工作过程如下:利用真空系统对进水虹吸管抽真空,使之形成虹吸,待滤水由

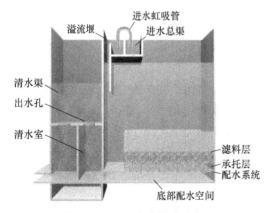

图 4-14　虹吸滤池构造示意

进水虹吸管
进水总渠
溢流堰
清水渠
出水孔
清水室
滤料层
承托层
配水系统
底部配水空间

进水总渠经进水虹吸管流入单元滤池进水槽，再经溢流堰溢流入布水管后进入滤池。进入滤池的水自上而下通过滤层进行过滤，滤后水经承托层、小阻力配水系统、底部配水空间，进入清水室，由连通孔进入清水渠，汇集后经清水出水堰溢流进入清水池。

在过滤过程中，随着滤料层中截留的悬浮杂质不断增加，水流通过滤层的阻力和过滤水头损失逐渐增大，由于各过滤单元的进、出水量不变，因此滤池内水位不断地上升。当某一格单元滤池的水位上升到最高设计水位（或滤后水水质达到某一规定值）时，该格单元滤池便需停止过滤，进行反冲洗。

反冲洗工作过程如下：反冲洗时，应先破坏失效单元滤池的进水虹吸管的真空，使该格单元滤池停止进水，滤池水位逐渐下降，滤速逐渐降低。当滤池内水位下降速度显著变慢时，利用真空系统抽出排水虹吸管中的空气使之形成虹吸，滤池内剩余待滤水被排水虹吸管迅速排入滤池底部排水渠，滤池内水位迅速下降。当池内水位低于清水渠中的水位时，反冲洗正式开始，滤池内水位继续下降。当滤池内水面降至配水槽顶端时，反冲洗水头达到最大值。其他格单元滤池的滤后水作为该格单元滤池的反冲洗所需清水，源源不断地从清水渠经连通孔、清水室进入该格单元滤池的底部配水空间，经小阻力配水系统、承托层，沿着与过滤时相反的方向自下而上通过滤料层，对滤料层进行反冲洗。冲洗污水经排水槽收集后由排水虹吸管进入滤池底部排水渠排走。当滤料冲洗干净后，破坏排水虹吸管的真空，冲洗停止。然后再用真空系统使进水虹吸管恢复工作，过滤重新开始。

五、重力式无阀滤池

重力式无阀滤池是利用水力学原理，通过进出水压差自动控制虹吸产生和破坏，实现自动运行的滤池，其构造如图 4-15 所示。

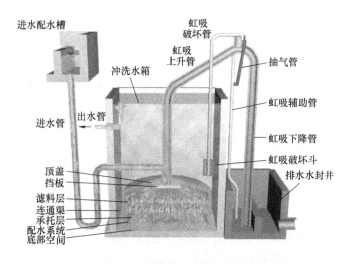

图 4-15　无阀滤池构造示意

重力式无阀滤池工作过程如下：过滤时，待滤水经进水分配槽，由进水管进入虹吸上升管，再经伞形顶盖下面的配水挡板整流和消能后，均匀地分布在滤料层的上部，水流自上而下通过滤料层、承托层、小阻力配水系统，进入底部集水空间，然后清水从底部集水空间经连通渠（管）上升到冲洗水箱，冲洗水箱水位开始逐渐上升，当水箱水位上升到出水渠的溢流堰顶后，溢流入渠内，最后经滤池出水管进入清水池。冲洗水箱内贮存的滤后水即为无阀滤池的冲洗水。

在过滤的过程中，随着滤料层内截留杂质量的不断增多，滤料层内孔隙由上至下逐渐被堵塞，过滤水头损失也逐渐增加，从而使虹吸上升管内的水位逐渐升高。当水位上升到虹吸辅助管的管口时，水便从虹吸辅助管中不断向下流入水封井内，依靠下降水流在抽气管中形成的负压和水流的挟气作用，抽气管不断将虹吸管中空气抽出，使虹吸管中的真空度逐渐增大。其结果是虹吸上升管中水位和虹吸下降管中水位都同时上升，当虹吸上升管中的水越过虹吸管顶端下落时，下落水流与下降管中的上升水柱汇成一股冲出管口，把管中残留空气全部带走，形成虹吸。此时，由于伞形盖内的水被虹吸管排向池外，造成滤层上部压力骤降，从而使冲洗水箱内的清水沿着与过滤时相反的方向自下而上通过滤层，对滤料层进行反冲洗。冲洗后的污水经虹吸管进入排水水封井排出。

在冲洗过程中，冲洗水箱内水位逐渐下降。当水位下降到虹吸破坏斗缘口以下时，虹吸管在排水的同时，通过虹吸破坏管抽吸虹吸破坏斗中的水，直至将水吸完，使管口与大气相通，空气由虹吸破坏管进入虹吸管，虹吸即被破坏，冲洗结束，过滤自动重新开始。

六、滤池运行中的常见问题及解决措施

1. 滤池运行前的准备

检查所有管道和阀门是否完好，各管口标高是否符合设计要求，排水槽面是否严格水平。初次铺设滤料应比设计厚度多 5mm 左右；清除杂物，保持滤料平整，然后放水检查，排除滤料内空气。放水检查结束后，对滤料进行连续冲洗，直至洁净。

2. 滤池运行中的常见问题及解决措施

（1）滤料中结泥球

① 主要危害。砂层阻塞，砂面易发生裂缝，泥球往往腐蚀发酵，直接影响滤砂的正常运转和净水效果。

② 主要原因。冲洗强度不够，长时间冲洗不干净；进入滤池的水浊度过高，使滤池负担过重；配水系统不均匀，部分滤池冲洗不干净。

③ 解决方法。a. 改善冲洗条件，调整冲洗强度和冲洗历时；b. 降低进水浊度；c. 检查承托层有无移动，配水系统是否堵塞；d. 用液氯或漂白粉溶液等浸泡滤料，情况严重时要大修翻砂。

（2）冲洗时大量气泡上升

① 主要危害。滤池水头损失增加很快，工作周期缩短；滤层产生裂缝，影响水质或大量漏砂、跑砂。

② 主要原因。滤池发生滤干后，未经反冲排气又再过滤，使空气进入滤层；工作周期过长，水头损失过大，使砂面上的作用水头小于滤料水头损失，从而产生负水头，使水中逸出空气存于滤料中；当用水塔供给冲洗水时，因冲洗水塔存水用完，空气随水夹带进滤池，水中溶气量过多。

③ 解决方法。a. 加强操作管理，一旦出现上述情况，可用清水倒滤；b. 调整工作周期，提高滤池内水位；c. 检查水中溶气量大的原因，消除溶气的来源。

（3）滤料表面不平，出口喷口现象

① 主要危害。过滤不均匀，影响出水水质。

② 主要原因。滤料凸起，可能是滤层下面承托层及配水系统有堵塞；滤料凹下，可能是配水系统局部有碎裂或排水槽口不平。

③ 解决对策。查找凸起和凹下的原因，翻整滤料层和承托层，检修配水系统和排水槽。

（4）漏砂跑砂

① 主要危害。影响滤池正常工作，使清水池和出水中带砂影响水质。

② 主要原因。冲洗时大量气泡上升；配水系统发生局部堵塞；冲洗不均匀，使承托层移动；反冲洗式阀门开放太快或冲洗强度过高，使滤料跑出；滤水管破裂。

③ 解决方法。a. 弄清冲洗时大量气泡上升的原因，并解决这一问题；b. 检查配水系统，排除堵塞；c. 改善冲洗条件；d. 严格按规程操作；e. 检修滤水管。

（5）滤速逐渐降低，周期减短

① 主要危害。影响滤池正常生产。

② 主要原因。冲洗不良，滤层积泥；滤料强度差，颗粒破碎。

③ 解决对策。a. 改善冲洗条件；b. 刮除表层滤砂，换上符合要求的滤砂。

子情境二 污水中微量重金属离子的去除

【任务描述】

任务目标	1. 知识目标 (1)理解膜分离法的类型、特点 (2)掌握反渗透膜组件、超滤膜组件的组成、工作过程、特点等 (3)了解反渗透膜、超滤膜的类型、应满足的要求 (4)理解膜污染的定义、现象、类型、产生原因；膜清洗的主要方法、设备等 2. 能力目标 能够完成反渗透工艺操作 3. 素质目标 具备一定的自学、语言表达、计算机应用、合作、协调、信息检索的能力
基本任务	1. 反渗透膜组件 (1)类型　　(2)讲述每种膜组件的工作过程 2. 膜污染 (1)类型　　(2)产生的原因　　(3)常用的膜清洗方法
技能任务	反渗透工艺操作
探索任务	1. 反渗透流程中，原水预处理的作用是什么？具体内容有哪些？ 2. 膜分离装置由几部分组成？其核心部分是什么？ 3. 实现反渗透应具备哪些条件？

【知识链接】

一、膜分离法概述

1. 基本概念

利用隔膜使溶剂（通常是水）同溶质或微粒分离的方法称为膜分离法。用隔膜分离溶液时，使溶质通过膜的方法称为渗析，使溶剂通过膜的方法称为渗透。

2. 方法分类

根据溶质或溶剂透过膜的推动力不同，膜分离法可分为 3 类。

① 以浓度差为推动力的方法有：渗析和自然渗透。

② 以电动势为推动力的方法有：电渗析和电渗透。

③ 以压力差为推动力的方法有：压渗析和反渗透、超滤、微孔过滤。

其中常用的是电渗析、反渗透和超滤，其次是渗析和微孔过滤。

3. 特点

① 在膜分离过程中，不发生相变化，能量的转化效率高。

② 一般不需要投加其他物质，这可节省原材料和化学药品。

③ 膜分离过程中，分离和浓缩同时进行，这样能回收有价值的物质。

④ 根据膜的选择透过性和膜孔径的大小，可将不同粒径的物质分开，这使物质得到纯化而又不改变其原有的属性。

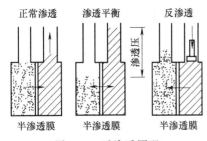

图 4-16　反渗透原理

⑤ 膜分离过程，不会破坏对热敏感和对热不稳定的物质，可在常温下得到分离。

⑥ 膜分离法适应性强，操作及维护方便，易于实现自动化控制。

二、反渗透

1. 原理

反渗透原理如图 4-16 所示。

有一种膜只允许溶剂通过而不允许溶质通过，如果用这种半渗透膜将盐水和淡水或两种浓度不同的溶液隔开，则可发现水将从淡水侧或浓度较低的一侧通过膜自动地渗透到盐水或浓度较高的溶液一侧，盐水体积逐渐增加，在达到某一程度后便自行停止，此时即达到了平衡状态，这种现象称为渗透作用。当渗透平衡时，溶液两侧液面的静水压差称为渗透压。如果在盐水面上施加大于渗透压的压力，则此时盐水中的水就会流向淡水侧，这种现象称为反渗透。

任何溶液都具有相应的渗透压，但要有半透膜才能表现出来。渗透压与溶液的性质、浓度和温度有关，而与膜无关。

反渗透不是自动进行的，为了进行反渗透作用，就必须加压。只有当工作压力大于溶液的渗透压时，反渗透才能进行。在反渗透过程中，溶液的浓度逐渐增高，因此，反渗透设备的工作压力必须超过与浓溶液出口处浓度相应的渗透压。温度升高，渗透压增高，所以溶液温度的增高必须通过增加工作压力予以补偿。

2. 反渗透膜

反渗透膜是一种多孔性膜，具有良好的化学性质，当溶液与这种膜接触时，由于界面现象和吸附的作用，对水优先吸附或对溶质优先排斥，在膜面上形成一纯水层。被优先吸附在界面上的水以水流的形式通过膜的毛细管并被连续地排出。所以反渗透过程是界面现象和在压力下流体通过毛细管的综合结果。反渗透膜的种类很多，目前在水处理中应用较多的是醋酸纤维素膜和芳香族聚酰胺膜。

3. 反渗透装置

（1）板框式反渗透装置　板框式反渗透装置结构如图 4-17 所示。整个装置由若干圆板一块一块地叠起来组成。圆板外环有密封圈支撑，使内部组成压力容器，高压水串流通过每块板。圆板中间部分是多孔性材料，用以支撑膜并引出被分离的水。每块板两面都装上反渗透膜，膜周边用胶黏剂和圆板外环密封。板式装置上下安装有进水和出水管，使处理水进入和排出，板周边用螺栓把整个装置压紧。板式反渗透装置结构简单，体积比管式的小；其缺点是装卸复杂，单位体积膜表面积小。

（2）管式反渗透装置　管式反渗透装置如图 4-18 所示。

管式反渗透装置是将若干根直径 10～20mm、长 1～3m 的反渗透管状膜装入多孔高压管中，管膜与高压管之间衬以尼龙布以便透水。高压管常用铜管或玻璃钢管，管端部用橡胶密封圈密封，管两头有管箍和管接头以螺栓连接。管式反渗透装置的特点是水力条件好，安装、清洗、维修比较方便，能耐高压，可以处理高黏度的原液；缺点是膜的有效面积小，装置体积大，而且两头需要较多的联结装置。

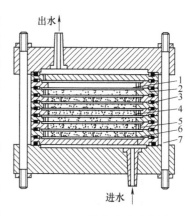

图 4-17　板框式反渗透装置

1—膜；2—水引出孔；3—橡胶密封圈；
4—多孔性板；5—处理水通道；
6—膜间流水；7—双头螺栓

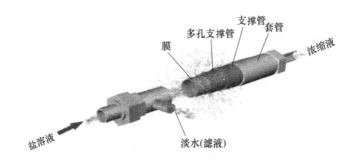

图 4-18　管式反渗透装置

（3）螺卷式反渗透装置　它由平膜做成，在多孔的导水垫层两侧各贴一张平膜，膜的三个边与垫层用胶黏剂密封，呈信封状，称为膜叶。将一个或多个膜叶的"信封口"胶接在接受淡水的穿孔管上，在膜与膜之间放置隔网，然后将膜叶绕淡水穿孔管卷起来便制成了圆筒状膜组件（图 4-19）。将一个或多个组件放入耐压管内便可制成螺卷式反渗透装置。工作时，原水沿隔网轴向流动，而通过膜的淡水则沿垫层流入多孔管，并从那里排出器外。螺卷式反渗透装置的优点是结构紧凑，单位容积的膜面积大，所以处理效率高，占地面积小，操作方便；缺点是不能处理含有悬浮物的液体，原水流程短，压力损失大，浓水难以循环以及密封长度大，清洗、维修不方便。

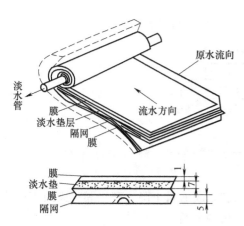

图 4-19　螺卷式组件

（4）中空纤维式反渗透装置　这是用中空纤维膜制成的一种反渗透装置。图 4-20 所示即为其中的一种构造形式。

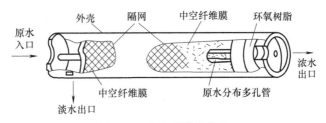

图 4-20　中空纤维膜装置

中空纤维膜外径 $50\sim200\mu m$，内径 $25\sim42\mu m$，将其捆成膜束，膜束外侧覆以保护性格网，内部中间放置供分配原水用的多孔管，膜束两端用环氧树脂加固。将其一端切断，使纤维膜呈开口状，并在这一侧放置多孔支撑板。将整个膜束装在耐压圆筒内，在圆筒的两端加上盖板，其中一端为穿孔管进口，而放置多孔支撑板的另一端则为淡水排放口。高压原水从穿孔管的一端进入，由穿孔管侧壁的孔洞流出，在纤维膜际间空隙流动，淡水渗入纤维膜内，汇流到多孔支撑板的一侧，通过排放口流出器外，浓水则汇集于另一端，通过浓水排放口排出。

中空纤维式反渗透装置的优点是单位体积膜表面积大，制造和安装简单，不需要支撑物等；缺点是不能用于处理含悬浮物的污水，必须预先经过过滤处理，另外难发现损坏的膜。

4. 反渗透工艺组合方式

为了满足不同水处理对象对溶液分离技术的要求，实际工程中常将组件进行多种组合。组件的组合方式有一级和多级（一般为二级）。在各个级别中又分为一段和多段。一级是指一次加压的膜分离过程，多级是指进料必须经过多次加压的分离过程。反渗透常用如图4-21所示的组合方式。

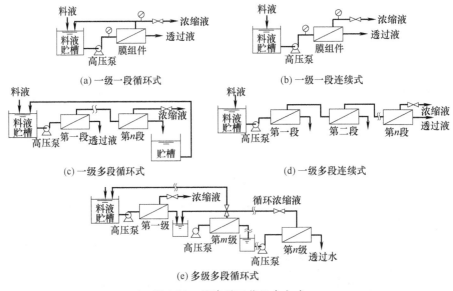

图 4-21　反渗透工艺组合方式

5. 膜清洗工艺

膜运行一段时间后就会出现膜污染，导致的结果就是膜通量下降。解决膜污染最直接的办法就是膜清洗。膜清洗的工艺可分为物理法和化学法两大类。

物理法又可分为水力清洗、水气混合冲洗、逆流清洗及海绵球清洗。水力清洗主要采用减压后高速的水力冲洗，以去除膜面污染物。水气混合冲洗是借助气液与膜面发生剪切作用而消除极化层。逆流清洗是在卷式或中空纤维式组件中，将反向压力施加于支撑层，引起膜透过液的反向流动，以松动和去除膜进料侧活化层表面污染物。海绵球清洗是依靠水力冲击使直径稍大于管径的海绵球流经膜面，以去除膜表面的污染物，但此法仅限于在内压管式组件中使用。

化学清洗技术就是利用化学药品或其他水溶液清除物体表面污垢的方法。化学清洗利用的是化学药品的反应能力，具有作用强烈、反应迅速的特点。化学药品通常都是配成水溶液形式使用，由于液体有流动性好、渗透力强的特点，容易均匀分布到所有清洗表面，所以适合清洗形状复杂的物体，而不至于产生清洗不到的死角。化学清洗的缺点是化学清洗液选择如果不当，会对清洗物造成腐蚀破坏、造成损失。化学清洗产生的废液排放会造成对环境的污染，因此化学清洗必须配各污水处理装置。另外，化学药剂操作处理不当时会对工人的健康、安全造成危害。化学清洗的种类很多，按化学清洗剂的种类可分为碱清洗、酸清洗、表面活性剂清洗、络合剂清洗、聚电解质清洗、消毒剂清洗、有机溶剂清洗、复合型药剂清洗和酶清洗等。

三、超过滤

1. 超过滤工作原理

超过滤简称超滤，用于去除污水中大分子物质和微粒。超滤之所以能够截留大分子物质和微粒，其机理是：膜表面孔径机械筛分作用，膜孔阻塞、阻滞作用和膜表面及膜孔对杂质的吸附作用，一般认为主要是筛分作用。

超滤工作原理如图 4-22 所示。在外力的作用下，被分离的溶液以一定的流速沿着超滤膜表面流动，溶液中的溶剂和低相对分子质量物质、无机离子，从高压侧透过超滤膜进入低压侧，并作为滤液而排出；而溶液中高分子物质、胶体微粒及微生物等被超滤膜截留，溶液被浓缩并以浓缩液形式排出。由于它的分离机理主要是借机械筛分作用，膜的化学性质对膜的分离特性影响不大，因此可用微孔模型表示超滤的传质过程。

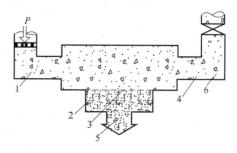

图 4-22　超过滤的原理

1—超过滤进口溶液；2—超过滤透过膜的溶液；
3—超过滤膜；4—超过滤出口溶液；5—透过超
过滤膜的物质；6—被超过滤膜截留下的物质

超滤与反渗透的共同点在于，两种过程的动力同是溶液的压力，在溶液的压力下，溶剂的分子通过薄膜，而溶解的物质阻滞在隔膜表面上。两者区别在于，超过滤所用的薄膜（超滤膜）较疏松，透水量大，除盐率低，用以分离高分子和低分子有机物以及无机离子等，能够分离的溶质分子至少要比溶剂的分子大 10 倍，在这种系统中渗透压已经不起作用了。

超过滤的去除机理主要是筛滤作用，工作压力低（0.07～0.7MPa）。反渗透所用的薄膜（反渗透膜）致密，透水量低，除盐率高，具有选择透过能力，用以分离分子大小大致相同的溶剂和溶质，所需的工作压力高（大于 2.8MPa），其去除机理，在反渗透膜上的分离过程伴随有半透膜、溶解物质和溶剂之间复杂的物理化学作用。

2. 超滤膜和膜组件

超滤膜有多种，最常用的是：二醋酸纤维素膜和聚砜膜。

① 二醋酸纤维素膜可以根据截留的相对分子质量的不同而成为一个膜系列。膜孔径大小和制膜组分间的配比与成膜条件有关。例如截留相对分子质量为 10000 左右的膜，它的制膜组分二醋酸纤维素、丙酮、甲酰胺的质量分数分别为 16.3%、44.5%、39.2%。其成膜工艺与反渗透膜相似，它在凝胶成型后，不需再进行热处理。

② 聚砜膜具有良好的化学稳定性和热稳定性。这种膜也有多种孔径。该膜的制膜液由聚砜树脂、二甲基甲酰胺和乙二醇甲醚组成。

超滤的膜组件和反渗透组件一样，可分为板式、管式（包括内压管式和外压管式）、卷式和中空纤维组件等，这些组件我国均有产品。

3. 超滤的影响因素

（1）料液流速　提高料液流速虽然对减缓浓差极化、提高透过通量有利，但需提高料液压力，增加能耗。一般紊流体系中流速控制在 1～3m/s。

（2）操作压力　超滤膜透过通量与操作压力的关系取决于膜和凝胶层的性质。一般操作压力约为 0.5～0.6MPa。

（3）温度　操作温度主要取决于所处理的物料的化学、物理性质。由于高温可降低料液的黏度，增加传质效率，提高透过通量，因此应在允许的最高温度下进行操作。

（4）运行周期　随着超滤过程的进行，在膜表面逐渐形成凝胶层，使透过通量逐步下降，当通量达到某一最低数值时，就需要进行清洗，这段时间称为一个运行周期。运行周期的变化与清洗情况有关。

（5）进料浓度　随着超滤过程的进行，主体液流的浓度逐渐增高，此时黏度变大，使凝胶层厚度增大，从而影响透过通量，因此对主体液流应定出最高允许浓度。

子情境三　污水中微量难降解有机物的去除

【任务描述】

任务目标	1. 知识、能力目标 (1)理解化学氧化法的原理、用途、类型,常用氧化剂的种类、投加的位置 (2)理解氯氧化的应用、氯氧化系统的组成等 (3)理解臭氧氧化机理、不同类型臭氧氧化对水处理效果的影响、臭氧处理工艺系统的组成等 2. 素质目标 具备一定的自学、语言表达、计算机应用、合作、协调、信息检索的能力
主要任务	1. 臭氧处理系统由几部分组成？其中最主要的是哪部分？ 2. 含氰废水、硫化物的氯氧化分几个阶段进行,发生哪些反应？ 3. 氧化剂投加在不同位置的作用分别是什么？ 氧化剂在水处理中的投加位置示意图
探索任务	1. 臭氧应用于水处理中的主要作用有哪些？ 2. 臭氧接触反应器有几种类型？ 3. 利用各种资源,查找一个臭氧应用于污水处理的案例

【知识链接】

一、化学氧化基本原理

化学氧化法就是向污水中投加氧化剂，将污水中的有毒、有害物质氧化成无毒或毒性小的新物质的方法。污水中的有机物及还原性无机离子（如 CN^-、S^{2-}、Fe^{2+}、Mn^{2+}）等都可通过氧化法消除其危害。

氧化处理法的实质是在强氧化剂的作用下，水中的有机物被降解成简单的无机物；溶解的污染物被氧化为不溶于水，且易于从水中分离的物质。此法特别适用于污水中含有难以生物降解的有机物以及能引起色度、臭味的物质的处理，如农药、酚、氰化物、木质素等。

常用的氧化剂有氧类和氯类两种：前者包括氧、臭氧、过氧化氢、高锰酸钾等；后者中有气态氯、液氯、次氯酸钠、次氯酸钙（漂白粉）、二氧化氯等。

二、化学氧化的方法

1. 臭氧氧化

（1）概述　臭氧氧化法是利用臭氧（O_3）的强氧化能力，使污水中的污染物氧化分解成低毒或无毒的化合物，使水质得到净化。它可用于消毒杀菌，去除水中的氰、酚等污染物，去除水中铁、锰等金属离子，使污水脱色。

臭氧氧化在消除异味和降低水中 BOD、COD 等方面都有显著的效果。臭氧氧化处理污水有很多优点，其氧化能力强，使一些比较复杂的反应能够进行，反应速度快。因此，臭氧氧化反应时间短，反应设备尺寸小，设备费用低。而且臭氧很容易分解，在水中既不产生二次污染，又能增加水中的溶解氧。

臭氧可用电和空气（或氧气）采用无声放电法就地制取，不用储存，管理操作方便。由于具备这些特点，所以在污水净化及深度处理资源化回用方面已得到了广泛的重视和应用。

（2）臭氧的接触反应设备　污水的臭氧处理在接触反应器内进行，为了使臭氧与水中杂质充分反应，应尽可能地使臭氧化空气在水中形成微细气泡，并采用两相逆流操作，以强化传质过程，使气、水充分接触，迅速反应。

一般常用的臭氧接触反应器有微孔扩散板式鼓泡塔（见图 4-23）和喷射器式接触反应器（见图 4-24）。微孔扩散板式鼓泡塔中，臭氧化气从塔底的微孔扩散板喷出，以微小气泡上升，与污水逆流接触，这一设备的特点是接触时间长，水力阻力小，水无需提升，气量容易调节，适用于处理含有烷基苯磺酸钠、COD、BOD 、氨氮等污染物的污水。

喷射器式接触反应器中，高压污水通过水射器将臭氧吸入水中。这种设备的特点是混合

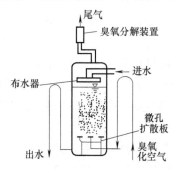

图 4-23　微孔扩散板式鼓泡塔

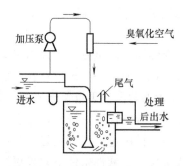

图 4-24　喷射器式接触反应器

充分，但接触时间较短，适用于处理含有 CN^-、Fe^{2+}、Mn^{2+}、酚、细菌等污染物的污水。

2. 氯氧化

氯氧化法广泛应用于污水处理中，如医院污水处理，工业废水处理，含氰、含酚、含硫化物的污水和染料污水的处理以及污水的脱色、除臭、杀菌等。

氯系氧化剂有液氯、漂白粉、氯气、次氯酸钠、二氧化氯等。它们在水溶液中可电离生成次氯酸离子。

$$Ca(ClO)Cl \longrightarrow Ca^{2+} + Cl^- + ClO^-$$
$$NaClO \longrightarrow Na^+ + ClO^-$$
$$Cl_2 + H_2O \longrightarrow H^+ + Cl^- + HClO$$
$$HClO \rightleftharpoons H^+ + ClO^-$$

$HClO$ 和 ClO^- 离子都具有很强的氧化能力，但 $HClO$ 的氧化能力比 ClO^- 更强。因此，氯氧化法通常在酸性溶液中较为有利。

(1) 含氰污水的氯氧化　氯氧化氰化物是分阶段进行的。在一定的反应条件下，第一阶段将 CN^- 氧化为 CNO^-，反应时间 10～15min，反应过程如下：

$$CN^- + ClO^- + H_2O \longrightarrow CNCl + 2OH^-$$
$$CNCl + 2OH^- \longrightarrow CNO^- + Cl^- + H_2O$$
$$2CNO^- + 3ClO^- + H_2O \longrightarrow N_2\uparrow + 3Cl^- + 2HCO_3$$

由于反应过程生成的中间产物 CNCl 的毒性与 HCN 相等，且在酸性条件下稳定，因此，要求第一阶段反应在 pH 值为 10～11 的碱性条件下进行。

虽然氰酸盐毒性仅为氰的千分之一，但从水体安全出发，应消除氰酸盐对环境的污染，进行第二阶段的处理，以完全破坏碳氮键。即增加漂白粉或氯的投加量，进行完全氧化。此阶段控制 pH 值为 8～8.5，反应时间 1h 以内。反应过程如下：

$$2CNO^- + 3ClO^- + H_2O \longrightarrow N_2\uparrow + 3Cl^- + 2HCO_3$$

采用液氯氧化时，完成两段反应所需的总药剂理论量为 $CN^- : Cl_2 = 1 : 6.83$。实际上，为使 CN^- 完全氧化，常加入 8 倍的氯气。

处理设备主要是反应池和沉淀池。反应过程中要连续搅拌，可采用压缩空气搅拌或水泵循环搅拌。水量小时，可采用间歇操作，设两池，交替反应与沉淀。

(2) 硫化物的氯氧化　氯氧化硫化物的反应如下：

$$H_2S + Cl_2 === S + 2HCl$$
$$H_2S + 3Cl_2 + 2H_2O === SO_2 + 6HCl$$

硫化氢部分氧化成硫时，1mg/L H_2S 需 2.1mg/L Cl_2；完全氧化为 SO_2 时，1mg/L H_2S 需 6.3mg/LCl_2。

(3) 含酚污水的氯氧化　采用氯氧化除酚，理论上投氯量与酚量之比为 6：1 时，即可将酚完全破坏，但由于污水中存在其他化合物也与氯作用，实际投氯量必须过量数倍，一般要超出 10 倍左右。如果投氯量不够，则酚氧化不充分，而且生成具有强烈臭味的氯酚。当氯化过程在碱性条件下进行时，也会产生氯酚。

(4) 污水的脱色　氯有较好的脱色效果，可用于印染污水脱色。脱色效果与 pH 值以及投氯方式有关，在碱性条件下效果更好。若辅加紫外线照射，可大大提高氯氧化效果，从而降低氯用量。

子情境四　污水中病原微生物的去除

【任务描述】

任务 目标	1. 知识目标 (1)理解消毒的定义、机理、方法、与灭菌的区别、常用消毒剂的种类 (2)掌握氯消毒的原理、特点、加氯量、加氯点、加氯设备的类型、工作过程、加氯工艺、副产物的形成与控制及应用 (3)理解二氧化氯消毒法的原理、特点，二氧化氯的制备方法、设备的工作过程 (4)掌握臭氧消毒系统的组成、工艺流程及应用 (5)理解紫外线消毒的原理、特点，消毒系统的组成、工艺流程及应用 2. 能力目标 能够进行转子加氯机开停操作 3. 素质目标 具备一定的自学、语言表达、计算机应用、合作、协调、信息检索的能力
基本 任务	1. 氯消毒 (1)加氯量　(2)加氯点　(3)氯投加设备　(4)讲述其工作过程 2. 二氧化氯消毒 (1)机理　(2)讲述二氧化氯的产生及其发生器的工作过程 3. 臭氧消毒 (1)消毒系统的组成　(2)讲述其消毒的工艺流程
技能 任务	转子加氯机的开停操作
探索与 拓展	1. 探索任务 (1)氯消毒的副产物有哪些？危害是什么？ (2)紫外线消毒系统由哪些部分组成？ 2. 拓展任务 二氧化氯发生器的启动、停车操作

【知识链接】

一、消毒的目的

消毒的目的主要是杀灭污水中的病原微生物，以防止其对人类及禽畜的健康产生危害和对生态环境造成污染。对于医疗机构污水，屠宰工业、生物制药等行业所排污水，国家环保部门在制定的污水排放标准中都规定了必须达到的细菌学指标。近年来实施较多的污水深度处理资源化回用和中水回用中，消毒已成为必不可少的工艺步骤之一。

二、消毒的方法

消毒方法可以分为物理方法和化学方法两类。物理方法主要有机械过滤、加热、冷冻、辐射、微电解、紫外线和微波消毒等方法；化学方法是利用各种化学药剂进行消毒，常用的化学消毒剂主要有氯及其化合物（二氧化氯、氯胺等），臭氧，其他卤素、重金属离子等。

1. 紫外线消毒

紫外线消毒是一种物理方法，它不向水中增加任何物质，没有副作用，这是它优于氯化消毒的地方。它通常与其他物质联合使用，常见的联合工艺有 UV＋H_2O_2、UV＋H_2O_2＋

O_3、$UV+TiO_2$，这样，消毒效果会更好。

（1）消毒机理　紫外线消毒是一种利用紫外线照射污水进行杀菌消毒的方法。紫外线消毒的机理是利用波长 254nm 及其附近波长区域紫外线对微生物的遗传物质核酸（RNA 或 DNA）的破坏而使细菌灭活。由于紫外线具有对隐孢子虫的高效杀灭作用和不产生副产物等特点，使其在给水处理中显示了很好的市场潜力。现在世界已有 3000 多座市政污水处理厂安装使用了紫外线消毒系统。

（2）优点　紫外线消毒的优点是：①紫外线消毒无需化学药品，不会产生二氯甲烷类（THMs）消毒副产物；②杀菌作用快，效果好；③无臭味，无噪声，不影响水的口感；④容易操作，管理简单，运行和维修费用低。

2. 臭氧消毒

（1）消毒机理　臭氧消毒机理包括直接氧化和产生自由基的间接氧化，与氯和二氧化氯一样，通过氧化破坏微生物的结构，达到消毒的目的。优点是杀菌效果好，用量少，作用快，能同时控制水中铁、锰、色、味、臭，但也有产生副产物的可能。由于臭氧分子不稳定，易自行分解，在水中保留时间很短（小于 30min），不能维持管网持续消毒效果，因此在使用中受到一定限制。

（2）优点　臭氧消毒具有如下优点：①反应快、投量少，臭氧能迅速杀灭扩散在水中的细菌、芽孢、病毒，且在很低的浓度时即有杀菌灭活作用；②适应能力强，在 pH 值为 5.6～9.8，水温 0～37℃的范围内，臭氧的消毒性很稳定。在水中不产生持久性残余，无二次污染；③臭氧的半衰期很短，仅 20min；④能破坏水中有机物，改善水的物理性质和器官感觉，进行脱色和去嗅去味作用，使水呈蔚蓝色，而又不改变水的自然性质。

（3）缺点

臭氧消毒的缺点是：①因臭氧不稳定，故其无持续消毒功能，应设置氯消毒与其配合使用；②臭氧有毒性，池水中不允许超过 0.01mg/L，空气中不允许超过 0.001mg/L；③臭氧消毒法设备费用高，耗电大，此乃限制或影响臭氧消毒广泛推广使用的主要原因。

实际工程中，O_3 多不单独使用，常与颗粒活性炭联用对饮用水进行深度处理，即臭氧一活性炭水处理工艺，效果良好。对其生产成本进行分析，水厂规模在（5～40）万吨/天的时候，因采用臭氧一活性炭工艺而增加的制水成本在 0.10～0.15 元/吨之间。根据我国各自来水厂的供水状况，从提高水质和人们的生活水平考虑，这种工艺是完全可以接受的。

3. 二氧化氯消毒

（1）特点　二氧化氯消毒的优点是：①ClO_2 氧化能力强，其氧化能力是氯的 2.5 倍，能迅速杀灭水中的病原菌、病毒和藻类，包括芽孢、病毒和蠕虫等；②与氯不同，ClO_2 消毒性能不受 pH 值影响，这主要是因为氯消毒靠次氯酸杀菌而二氧化氯则靠自身杀菌；③ClO_2 不与氨或氯胺反应，在含氨高的水中也可以发挥很好的杀菌作用，而使用氯消毒则会受到很大影响；④ClO_2 随水温升高灭活能力加大，从而弥补了因水温升高 ClO_2 在水中溶解度的下降；⑤ClO_2 的残余量能在管网中持续很长时间，故对病毒、细菌的灭活效果比臭氧和氯更有效；⑥ClO_2 能将水中少量的 S^{2-}、SO_3^{2-}、NO_2^- 等还原性酸根氧化去除，还可去除水中的 Fe^{2+}、Mn^{2+} 等金属离子，具有较强的脱色、去味及除铁、锰效果；⑦ClO_2 对水中有机物的氧化是有选择的，与某些有机物进行氧化反应将起降解作用，生成含氧基团为主的产物，不产生氯化有机物，所需投加量小，约为氯投加量的 40%，且不受水中氨氮的影响，因此，采用 ClO_2 代替氯消毒，可使水中三氯甲烷生成量减少 90%。

（2）存在问题 二氧化氯消毒的安全性使其被认为是氯系消毒剂中最理想的更新换代产品。在其使用中也存在一些问题：①ClO_2 加入水中后，会有 $50\%\sim70\%$ 转变为 ClO_2^- 与 ClO_3^-，很多实验表明 ClO_2^-、ClO_3^- 对血红细胞有损害，对碘的吸收代谢有干扰，还会使血液中胆固醇升高；建议二氧化氯消毒时残余氧化剂总量（$ClO_2+ClO_2^-+ClO_3^-$）小于或等于 $1.0mg/L$，使其对正常人群健康不致有影响；②二氧化氯性质比较活泼，易爆炸，不能储存，需现场制备，在使用 ClO_2 时要十分注意安全，一般在 ClO_2 制备系统中应严格控制原料稀释浓度，防止误操作并应建立相应安全措施；ClO_2 储存要低温避光；ClO_2 间禁用火种，设良好的通风换气设备。

【考核评价】

情境四 考核评价表

学生信息		考核项目及赋分									
		基本项及赋分					技能项及赋分	加分项及赋分			情境考核及赋分
学号	学生姓名	出勤 (5)	态度 (5)	方案 (10)	基本问题 (15)	合作 (3)	劳动 (2)	技能任务/拓展任务 (30)	探索问题 (10)	综合任务 (5)	组长 (5)	综合考核 (10)
1												
2												
3												
*												

【归纳提升】

一、应知应会

1. 填空

（1）混凝剂的种类较多，目前应用最广的是_____和_____。

（2）混凝沉淀的处理包括_____、_____、_____几个部分。

（3）实现反渗透必须具备的条件有_____和_____。

（4）过滤的机理可归纳为_____。

2. 简答题

（1）试述混凝的机理及影响混凝的因素。

（2）简述反渗透的原理。

二、灵活运用

1. 混凝工艺加药系统运行操作过程中应注意哪些问题？

2. 快滤池的常见故障及排除方法有哪些？

3. 反渗透工艺运行操作的控制要素有哪些？

4. 超滤装置的结构和运行维护内容有哪些？其主要用途有哪些？

5. 膜污染的机理是什么？

6. 常用的膜清洗方法有哪些？

7. 反渗透膜生物污染、有机物污染的危害、防治方法分别是什么？

8. 使用臭氧时的注意事项有哪些？

污泥的处理与处置

【情境分析】

污泥是污水处理的副产物，也是必然的产物，如从沉淀池排出的沉淀污泥、从生物处理系统排出的剩余污泥等。这些污泥如不加以妥善的处理，就会造成二次污染。因此，污泥的处理与处置是污水处理过程中的重要环节。

子情境一　了解污泥

【任务描述】

任务目标	1. 知识目标 (1)理解污泥处理与处置的定义、目的 (2)了解污泥的来源、类型及性质表征参数 (3)通过污泥处理流程案例,了解污泥处理与处置的一般流程、采用的方法 2. 能力目标 能够绘制污泥处理与处置的一般流程图 3. 素质目标 具备一定的自学、语言表达、计算机应用、沟通合作、组织协调的能力
基本任务	1. 污水处理厂的哪些环节可能产生污泥? 产生的污泥是什么类型? 2. 表征污泥性质的参数有哪些?
技能任务	绘制污泥处理与处置的一般流程图
探索与拓展	1. 探索任务 (1)为什么要对污泥进行处理? (2)污泥处理采用哪些方法? 污泥处置的途径主要有什么? 2. 拓展任务 讲述污泥处理与处置一般流程中各环节的作用

【知识链接】

一、污泥的分类

1. 按成分不同分类

(1) 污泥　以有机物为主要成分的称为污泥。污泥的性质是易于发臭，颗粒较细，相对密度较小（约为 1.02～1.006），含水率高且不易脱水，属于胶体结构的亲水性物质。初次沉淀池与二次沉淀池的沉淀物均属污泥。

（2）沉渣　以无机物为主要成分的称沉渣。沉渣的主要性质是颗粒较粗，相对密度较大（约为 2 左右），含水率高且易于脱水，流动性差。沉砂池与某些工业废水处理沉淀物属沉渣。

2. 按来源不同分类

（1）初次沉淀污泥　来自初次沉淀池。

（2）剩余活性污泥　来自活性污泥法后的二次沉淀池。

（3）腐殖污泥　来自生物膜法后的二次沉淀池。

以上 3 种污泥可统称为生污泥或鲜污泥。

（4）消化污泥　生污泥经厌氧消化或好氧消化处理后，称为消化污泥或熟污泥。

（5）化学污泥　用化学沉淀法处理污水后产生的沉淀物称为化学污泥或化学沉渣。如用混凝沉淀法去除污水中的磷；投加硫化物去除污水中的重金属离子；投加石灰中和酸性污水产生的沉渣以及酸、碱污水中和处理产生的沉渣均称为化学污泥或化学沉渣。

二、污泥的性质指标

1. 污泥的含水率

污泥中所含水分的质量与污泥总质量之比的百分数称为污泥含水率。污泥含水率一般都很高，其相对密度接近于 1。污泥的体积、质量及所含固体物质浓度之间的关系可用下式表示：

$$\frac{V_1}{V_2} = \frac{W_1}{W_2} = \frac{100 - p_2}{100 - p_1} = \frac{C_2}{C_1} \tag{5-1}$$

式中　V_1，W_1，C_1——污泥含水率为 p_1 时的污泥体积、质量与固体物质浓度；

　　　V_2，W_2，C_2——污泥含水率为 p_2 时的污泥体积、质量与固体物质浓度。

式（5-1）适用于含水率大于 65% 的污泥。因含水率低于 65% 后，污泥颗粒之间不再被水填满，其内会有气泡出现，体积与质量不再是上式所述关系。污泥含水率从 99% 降低至 96% 时，污泥体积可减少 3/4，即：

$$V_2 = V_1 \frac{100 - p_1}{100 - p_2} = V_1 \frac{100 - 99}{100 - 96} = \frac{1}{4} V_1$$

2. 挥发性固体（VSS）和灰分

挥发性固体是指在 600℃ 的燃烧炉中能被燃烧，并以气体逸出的那部分固体，一般常用于表示污泥中有机物含量；灰分则是剩余的那部分固体，用于表示无机物含量。

3. 污泥中的有毒有害物质

城市污水处理厂的污泥中含有相当数量的氮（约含污泥干重的 4%）、磷（约含 2.5%）、钾（约含 0.5%），有一定的肥效，可用于改良土壤。但其中含有病菌、病原微生物、寄生虫卵等，在施用前应有必要的处理（如污泥消化）。污泥中的重金属是主要的有害物质，其含量决定于城市污水中工业废水所占的比例及工业性质。污水经二级处理后，污水中的重金属离子约有 50% 转移到污泥中。因此，重金属含量超过规定的污泥不能用作农肥。

子情境二　污泥的浓缩

【任务描述】

任务目标	1. 知识目标 (1) 理解污泥浓缩的目的、对象 (2) 掌握污泥浓缩方法的原理、特点、处理对象 (3) 掌握污泥浓缩设备的构造、工艺流程、类型、工作过程等 2. 能力目标 能够进行重力浓缩池的运行操作 3. 素质目标 具备一定的自学、语言表达、计算机应用、沟通合作、组织协调的能力
基本任务	1. 污泥浓缩的目的 2. 污泥浓缩的主要对象 3. 污泥浓缩的方法 4. 与浓缩方法相对应的浓缩设备;讲述每种浓缩设备的工作过程
技能任务	重力浓缩池的运行操作
思考与探索	1. 污泥中的水分有几种类型? 2. 间歇式污泥浓缩池和重力式污泥浓缩池分别适用于哪种污水处理厂? 3. 气浮浓缩法的工艺流程中各部分有什么作用? 4. 为了提高气浮浓缩法的效果,可采用的措施是什么? 5. 离心浓缩法需要投加混凝剂和助凝剂吗?

【知识链接】

污泥浓缩是减小污泥体积的第一道工序，这种方法简单易行，不需要消耗大量的能量。浓缩的目的是缩小污泥体积，减少后续处理构筑物的容积和降低污泥后续处理费用。

污泥浓缩的脱水对象是污泥颗粒间的空隙水。经浓缩后的污泥仍能保持流动性。由于剩余活性污泥的含水率很高，达到 99％以上，一般都应进行浓缩处理。污泥浓缩的方法主要有重力浓缩法、气浮浓缩法和离心浓缩法等。

一、重力浓缩法

利用污泥自身的重力将污泥颗粒间隙的液体挤出，从而将污泥的含水率降低的方法称为重力浓缩法。其处理构筑物称为污泥浓缩池。根据运行方式的不同，其可分为连续式和间歇式两种。前者用于大型污水处理厂，后者多用于小型污水处理厂（站）。

（1）间歇式污泥浓缩池　间歇式污泥浓缩池可建成矩形或圆形，如图 5-1 所示。运行时，应先排出浓缩池中的上清液，腾出池容，再投入待浓缩的污泥。为此，应在池深度方向的不同高度设上清液排出管。浓缩时间，一般不宜小于 12h。浓缩池的上清液，应回到初次沉淀池前重新进行处理。

（2）连续式污泥浓缩池　连续式污泥浓缩池可采用沉淀池的形式，一般为竖流式或辐流式，图 5-2 所示为带刮泥机和搅拌装置的连续式浓缩池。

污泥由中心管连续进入池内，上清液由溢流堰流出，浓缩污泥用刮泥机缓缓刮至池中心

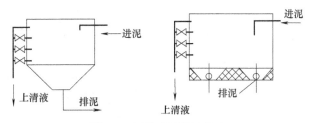

图 5-1　间歇式污泥浓缩池

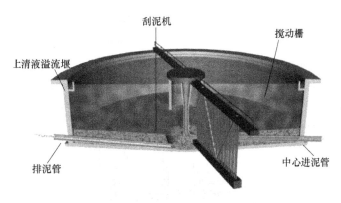

图 5-2　有刮泥机及搅动栅的连续式污泥浓缩池

的污泥斗，并从污泥管排出，刮泥机上装有搅拌栅，随着刮泥机转动，周边线速度为 1～2m/min，每条栅条后面可形成微小涡流，有助于污泥颗粒之间的絮凝，使颗粒逐渐变大，并可造成空穴，促使污泥颗粒的空隙水和气泡逸出。搅拌栅有促进浓缩作用，浓缩效果约可提高 20% 以上。浓缩池的底坡采用 1/100～1/12 坡度。

重力浓缩法主要用于浓缩初沉污泥及初沉污泥与剩余污泥或初沉污泥与腐殖污泥的混合液。

二、气浮浓缩法

气浮浓缩法是通过压力容器罐溶入过量空气，然后骤然减压释放出大量微小气泡，并附着在污泥颗粒的周围，使其密度相对减小而被强制上浮，达到浓缩目的。因此，气浮法较适用于污泥密度接近于 1 的活性污泥。

气浮浓缩的工艺流程与污水的气浮处理基本相同。进水室的作用是使减压后的溶气水大量释放出微细气泡，并迅速附着在污泥颗粒上。气浮池的作用是上浮浓缩，在池表面形成浓缩污泥层，由刮泥机刮出池外。不能上浮的颗粒沉至池底，从设在池底的清液出水管排出。部分清液回流加压，并在溶气罐中压入压缩空气，使空气大量地溶解在水中。减压阀的作用是使加压溶气水减压至常压，进入进水室起气浮作用。

气浮浓缩的工艺流程如图 5-3 所示。

气浮法一般用于浓缩活性污泥，也用于腐殖污泥。其浓缩效果比重力浓缩法好，浓缩时间短，污泥处于好氧环境，基本没有气味问题，但运行费用较重力法高。

为了提高气浮浓缩的效果，可采用无机混凝剂如铝盐、铁盐、活性二氧化硅等，或有机高分子聚合电解质如聚丙烯酰胺（PAM）等，在水中形成易于吸附或俘获空气泡的表面和构架，改变气-液界面、固-液界面的性质，使其易于互相吸附。使用何种混凝剂及其使用剂量，一般通过试验确定。

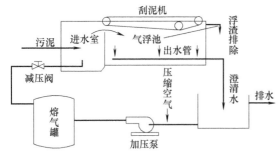

图 5-3 气浮浓缩工艺流程

三、离心浓缩法

离心浓缩法是利用污泥中的固体颗粒与水的密度不同,在高速旋转的离心机中,二者所受的离心力不同而被分离,使污泥得到浓缩。被分离的污泥和水分别由不同的通道导出机外。用于离心浓缩的离心机有转盘式离心机、篮式离心机和转鼓式离心机等。

离心浓缩法的效率高,需时短,占地面积小,一般需添加混凝剂和助凝剂,运行费用和机械维修费用较高。

另外一种常用的离心设备是离心筛网浓缩器,如图 5-4 所示。污泥从中心分配管压入旋转筛网笼,压力仅需 0.03MPa,筛网笼低速旋转,使清液通过筛网从出水集水室排出,浓缩污泥从底部排出,筛网定期用反冲洗系统反冲。

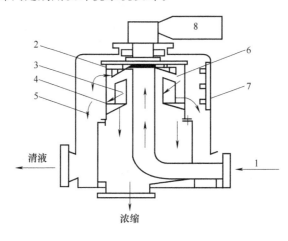

图 5-4 离心筛网浓缩器

1—中心分配管;2—进水布水器;3—排出器;4—旋转筛网笼;5—出水集水室;
6—流量调节转向器;7—反冲洗系统;8—电动机

子情境三 污泥的消化

【任务描述】

任务 目标	1. 知识目标 (1)理解污泥厌氧消化、好氧消化的目的、原理、过程、特点、影响因素等 (2)掌握污泥厌氧消化系统的组成及各部分的作用;特别是厌氧消化池的类型、构造、工作过程、异常情况及其处理等 (3)掌握污泥厌氧消化的工艺流程、厌氧消化池的构造 2. 能力目标 能够进行污泥消化池的异常情况处理 3. 素质目标 具备一定的自学、语言表达、计算机应用、沟通合作、组织协调的能力

基本 任务	1. 污泥厌氧消化的目的 2. 污泥厌氧消化系统 (1)组成　(2)附属设备　(3)污泥厌氧消化池的类型 3. 污泥的好氧消化池 (1)使用条件　(2)组成　(3)优点 4. 污泥厌氧消化产生的沼气如何利用？
技能 任务	污泥消化池的异常情况处理
探索 任务	1. 影响污泥厌氧消化的因素有哪些？ 2. 污泥厌氧消化是怎样的流程？ 3. 维持厌氧消化池的正常运行,应控制哪些参数？

☞【知识链接】

一、厌氧消化

(一) 厌氧消化概述

污泥厌氧消化主要处理对象是初次沉淀污泥、剩余活性污泥和腐殖污泥。污泥中的有机物在厌氧微生物的作用下，被分解为甲烷与二氧化碳等最终产物，使污泥得到稳定。

厌氧消化法的主要构筑物有消化池、化粪池、双层沉淀池和沼气池等。厌氧消化法可分为人工消化法和自然消化法。在人工消化法中，根据池盖构造的不同，可分为定容式（固定盖）消化池和动容式（浮动盖）消化池；按容积大小可分为小型消化池（1500～2500m³）、中型消化池（2500～5000m³）、大型消化池（5000～10000m³）；按消化温度的不同又可分为低温消化（低于20℃）、中温消化（30～37℃）、高温消化（45～55℃）；按运行方式可分为一级消化、二级消化。

(二) 厌氧消化池

1. 消化池的池形

厌氧消化池的基本池形有圆柱形与蛋形两种，如图5-5所示。

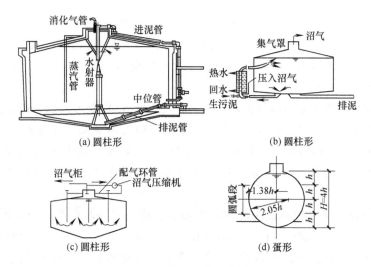

图 5-5　消化池基本池形

图 5-5（a）、（b）、（c）为圆柱形，池径一般为 6～35m，视污水厂规模而定，池总高与池径之比取 0.8～1.0，池底、池盖倾角一般取 15°～20°，池顶集气罩直径取 2～5m，高 1～3m；图 5-5（d）为蛋形。大型消化池可采用蛋形，容积可做到 10000m³ 以上，蛋形消化池在工艺与结构方面，具有如下优点：①搅拌充分、均匀、无死角，池底部与顶部的截面积较小，污泥不会在池底固结，也不易产生浮渣层；②在容积相等的条件下，池总表面积比圆柱形小，散热面积小，易于保温；③结构与受力条件最好，只承受轴向与径向压力与张力，如采用钢筋混凝土结构，节省材料；④防渗水性能好，聚集沼气效果也好。

2. 消化池构造

（1）投配、排泥及溢流系统 生污泥需先排入污泥投配池，然后用泵抽送至消化池。污泥投配池一般为矩形，至少设两个，常以 12h 储泥量设计。投配池加盖，设排气管及溢流管。如果采用消化池外加热生污泥的方式，则投配池可兼作污泥加热池。消化池排泥管设在池底，依靠消化池内静水压力将熟污泥排至污泥的后续处理装置。当消化池投配过量、排泥不及时或沼气产量与用量不平衡等情况发生时，沼气室内的沼气受压缩，气压增加，甚至可能压破池顶盖。因此，沼气池必须设置溢流装置，及时溢流，以保持沼气室内压力恒定。溢流装置应绝对避免集气罩与大气相通。溢流装置常用形式有倒虹管式、大气压式和水封式等。

（2）沼气的收集与储存设备 由于产气量与用气量经常不平衡，因此必须设储气柜调节沼气量。图 5-6 所示的两种储气柜为低压浮盖式和高压球形罐。

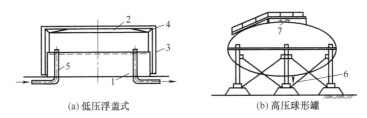

图 5-6 储气柜

1—水封柜；2—浮盖；3—外轨；4—滑轮；5—导气管；6—导气管；7—安全阀

储气柜的容积一般按平均日产气量的 25%～10%，即 6～10h 的平均产气量计算。低压浮盖式的浮盖重量决定于柜内气压，气压的大小可用盖顶加减铸铁块的数量进行调节。浮盖的直径与高度比一般采用 1.5：1，浮盖插入水封柜以免沼气外泄。当需长距离输送沼气时，可采用高压球形罐。

（3）搅拌设备 消化池的搅拌方法有三种，可进行连续搅拌，也可间歇搅拌。

① 泵加水射器搅拌。图 5-5（a）是泵加水射器搅拌示意图。生污泥用污泥泵加压后，射入水射器，水射器顶端浸没在污泥面以下 0.2～0.3m，泵压应大于 0.2MPa，生污泥量与水射器吸入的污泥量之比为 1：（3～5）。消化池直径大于 10m 时，可设两个或两个以上水射器。

② 联合搅拌法。联合搅拌法是将生污泥加温、沼气搅拌联合在一个装置内完成，如图 5-5（b）所示，经空气压缩机加压后的沼气和经污泥泵加压后的生污泥分别从热交换器（兼作生、熟污泥与沼气的混合器）的下端射入，并将消化池内的熟污泥抽吸出来，共同在热交换器中加热混合，然后从消化池的上部向下喷入，完成加温搅拌过程。如消化池直径大于 10m，可设两个或两个以上热交换器。

③ 沼气搅拌。沼气搅拌比较充分，可促进厌氧分解，缩短消化时间。沼气搅拌装置如图 5-5（c）所示。经沼气压缩机压缩后的沼气通过消化池顶盖上面的配气环管，通入每根立管，立管数量根据搅拌气量和立管内的气流速度而定。搅拌气量按每 1000m³ 池容 5～7m³/min 计，气流速度按 7～15m/s 计。立管末端在同一平面上，距池底 1～2m，或在池壁与池底连接面上。

④ 污泥加热。污泥加热方法有池内蒸汽直接加热和池外加热两种。

池内蒸汽直接加热法是利用插在消化池内的蒸汽竖管直接向消化池内送入蒸汽，加热污泥 [参见图 5-5（a）]。这种加热方法比较简单，热效率高，但竖管周围的污泥易过热，消化污泥的含水率也会增加。

池外加热法，是将生污泥预先加热后，投配到消化池中。池外加热法可分为投配池内加热和热交换器加热两种。投配池内加热，即在投配池内，用蒸汽将生污泥加热到所需温度，然后一次投入消化池。而热交换器法是在消化池外，用热交换器将生污泥加热后，送入消化池 [参见图 5-5（b）]。热交换器一般采用套管式，以热水为热媒，如图 5-7 所示。生污泥从管内通过，流速 1.5～2.0m/s，热水从套管通过，流速 1.0～1.5m/s。

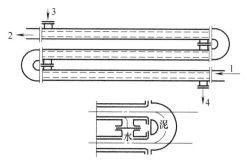

图 5-7 套管式热交换器
1—污泥入口；2—污泥出口；3—热媒进口；
4—热媒出口

3. 消化池的运行管理

（1）产气量下降 产气量下降的原因与解决办法主要有：①投加的污泥量过低，甲烷菌的底物不足，应设法提高投配污泥浓度；②消化污泥排量过大，使消化池内甲烷菌减少，破坏甲烷菌与营养的平衡，应减少排泥量；③消化池温度降低，可能是由于投配污泥过多或加热设备发生故障，解决办法是减少投配量与排泥量，检查加热设备，保持消化温度；④消化池容积减少。由于池内浮渣与沉砂量增多，使消化池容积减小，应检查池内搅拌效果及沉砂池效果，及时排除浮渣与沉砂；⑤有机酸积累，碱度不足，解决办法是减少投配量，继续加热，观察池内碱度变化，如不能改善，则应投加如石灰等以提升碱度。

（2）上清液水质恶化 上清液水质恶化表现在 BOD 和 SS 浓度增加，原因可能是排泥量不够，固体负荷过大、消化程度不够、搅拌过度等。解决办法是分析上述可能原因，分别加以解决。

（3）沼气的气泡异常 沼气的气泡异常表现形式如下：①连续喷出像啤酒开盖后出现的气泡，这是消化状态严重恶化的征兆，原因可能是排泥量过大，池内污泥量不足，或有机负荷过高，或搅拌不充分，解决的办法是减少或停止排泥，加强搅拌，减少污泥投配；②大量气泡剧烈喷出，但产气量正常，这是由于池内浮渣层过厚，沼气在层下集聚，一旦沼气穿过浮渣层，就有大量沼气喷出，对策是破碎浮渣层，充分搅拌；③不起泡，可暂时减少或终止投配污泥。

二、好氧消化

（一）好氧消化概述

污泥好氧消化是在不投加底物的条件下，对污泥进行较长时间的曝气，使污泥中微生物处于内源呼吸阶段，进行自身氧化。因此微生物机体的可生物降解部分（约占 MLVSS 的

80%）可被氧化去除，消化程度高，剩余消化污泥量少。

污泥好氧消化主要优缺点如下：①优点，污泥中可生物降解有机物的降解程度高；上清液 BOD 浓度低，消化污泥量少，无臭、稳定、易脱水，处置方便；消化污泥的肥分高，易被植物吸收；好氧消化池运行管理方便简单，构筑物基建费用低；②缺点，运行能耗多，运行费用高；不能回收沼气；因好氧消化不加热，所以污泥有机物分解程度随温度波动大，消化后的污泥进行重力浓缩时，上清液 SS 浓度高。

（二）好氧消化机理

污泥好氧消化处于内源呼吸阶段，细胞质反应方程如下：

$$C_5H_7NO_2 + 7O_2 \longrightarrow 5CO_2 + 3H_2O + H^+ + NO_3^-$$
$$113 \qquad 224$$

可见，氧化 1kg 细胞质需氧 $224/113 \approx 2kg$。

在好氧消化中，氨氮被氧化为 NO_3^-，pH 值将降低，因此，需要有足够的碱度来调节，以便使好氧消化池内的 pH 值维持在 7 左右。池内溶解氧不得低于 2mg/L，并应使污泥保持悬浮状态，因此，必须要有充足的搅拌强度，污泥的含水率在 95% 左右，以便于搅拌。

（三）好氧消化池

好氧消化池的构造与完全混合式活性污泥法曝气池相似，如图 5-8 所示。主要构造包括好氧消化室，进行污泥消化；泥液分离室，使污泥沉淀回流并把上清液排消化污泥管；曝气系统，由压缩空气管、中心导流筒组成，提供氧气并起搅拌作用。

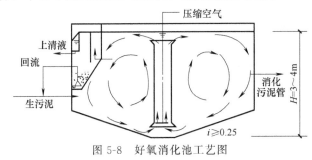

图 5-8　好氧消化池工艺图

子情境四　污泥的脱水

【任务描述】

任务目标	1. 知识目标 (1)理解污泥脱水的目的 (2)理解污泥机械脱水的原理；掌握污泥脱水设备的类型、构造、特点、工作过程等 (3)掌握污泥调理的目的、方法 2. 能力目标 能够进行带式压滤机、离心脱水机的开停操作 3. 素质目标 具备一定的自学、语言表达、计算机应用、沟通合作、组织协调的能力
基本任务	1. 污泥脱水的目的 2. 污泥机械脱水的原理 3. 污泥脱水前需要进行预处理(调理) (1)调理的目的　(2)调理的方法：被广泛使用的方法 (3)加药调理法常用的药剂 4. 污泥机械脱水设备 (1)类型　(2)处理对象

技能 任务	带式压滤机、离心脱水机的开停操作
探索与 拓展	1. 探索任务 不同类型的污泥脱水设备的特点比较 2. 拓展任务 板框压滤机常见故障及处理

【知识链接】

一、机械脱水基本原理

污泥机械脱水是以过滤介质（如滤布）两面的压力差作为推动力，强制污泥中的水分通过过滤介质（即滤液），固体颗粒被截留在介质上（即滤饼），从而使污泥达到脱水目的。污泥脱水的推动力，可以是在过滤介质的一面造成负压（如真空吸滤脱水），或加压污泥将水分压过过滤介质（如压滤脱水），或利用离心力（如离心脱水）等。

机械脱水前的预处理的目的是改善污泥脱水性能，提高脱水设备的生产能力，方法包括化学调节法、淘洗法、热处理法和冷冻法等。其中化学调理法由于可靠，设备简单，操作方便，被长期广泛采用。

二、机械脱水设备

污泥机械脱水的方法有真空过滤法、压滤法和离心法等。

（1）真空过滤脱水机　真空过滤脱水使用的机械称为真空过滤脱水机，可用于经预处理后初次沉淀污泥、化学污泥及消化污泥等的脱水。国内使用较多的是 GP 型转鼓真空过滤机，其构造如图 5-9 所示。

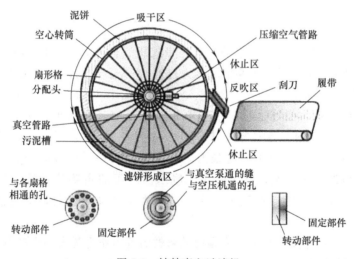

图 5-9　转鼓真空过滤机

GP 型转鼓真空过滤机的一个主要缺点是过滤介质紧包在转鼓上，清洗不充分，易于堵塞，影响生产效率。为此，可用链带式转鼓真空过滤机，用辊轴把过滤介质转出，既便于卸料，又易于介质清洗。链带式转鼓真空过滤机的构造如图 5-10 所示。

（2）板框压滤脱水机　压滤脱水采用板框压滤机。板框压滤机基本构造如图 5-11 所示。它的构造简单，过滤推动力大，适于各种污泥，但不能连续运行。其由板与框相间排列而成，在滤板两侧覆有滤布，用压紧装置把板与框压紧，即在板与框之间构成压滤室，在板与

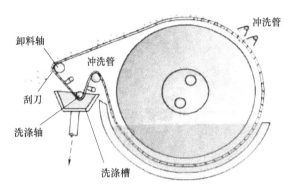

框的上端中间相同部位开有小孔，压紧后成为一条通道，加压到 0.2～0.4MPa 的污泥，由该通道进入压滤室，滤板的表面刻有沟槽，下端钻有供滤液排出的孔道，滤液在压力下通过滤布，沿沟槽与孔道排出滤机，使污泥脱水。板框压滤机几乎可以处理各种性质的污泥。预处理以无机絮凝剂为主。由于使用较高的压力和较长的加压时间，脱水效果比真空滤机和离心机好。

图 5-10　链带式转鼓真空过滤机

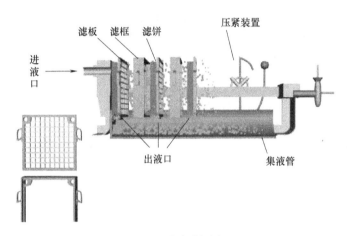

图 5-11　板框压滤机

（3）带式压滤机　用于滚压脱水的设备是带式压滤机，如图 5-12 所示。它由滚压轴及滤布等组成。污泥先经浓缩段（主要依靠重力过滤），失去流动性，以免在压榨段被挤出滤布，浓缩段的停留时间为 10～20s；然后进入压榨段，压榨时间为 1～5min。

滚压的方式有两种，一种是滚压轴上下相对，压榨时间几乎是瞬时，但压力大，如图 5-12（a）所示；另一种是滚压轴上下错开，如图 5-12（b）所示，依靠滚压轴施于滤布上的张力压榨污泥，压榨的压力受张力限制，压力较小，压榨时间较长，但在滚压过程中产生的剪切力作用于污泥，可促进污泥脱水。滚压的主要特点是将压力施加在滤布上，用滤布的压力和张力使污泥脱水，而不需要真空和加压设备，动力消耗少，可以连续生产。

（4）离心脱水　污泥离心脱水是依靠污泥颗粒的重力作为脱水的推动力，推动的对象是污泥的固相。常用的设备是低速锥筒式离心机，构造示意图如图 5-13 所示。其主要组成部分为螺旋输送器、锥形转筒、空心转轴。污泥从空心转轴筒端加入，通过轴上小孔进入锥筒，螺旋输送器固定在空心转轴上，空心转轴与锥筒由驱动装置驱动，同向转动，但两者之间有速差，前者稍慢，后者稍快。污泥中的水分和污泥颗粒由于受到离心力不同而分离，污泥颗粒聚集在转筒外缘周围，由螺旋输送器将泥饼从锥口推出，随着泥饼的向前推进，不断被离心压密而不会受到进泥的扰动，分离液由转筒末端排出。该方法对预处理要求较高，需要使用高分子调节剂进行调节。

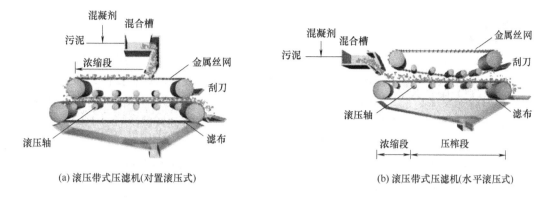

(a) 滚压带式压滤机(对置滚压式) (b) 滚压带式压滤机(水平滚压式)

图 5-12 带式压滤机

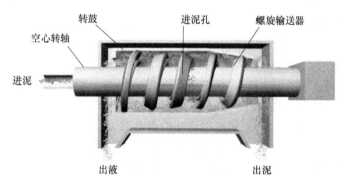

图 5-13 锥筒式离心机构造示意图

子情境五 污泥的焚烧

【任务描述】

任务 目标	1. 知识目标 (1)理解污泥焚烧工艺的使用条件、特点、类型及其原理 (2)理解污泥干燥的目的、原理、设备的类型等 (3)掌握污泥焚烧设备的类型、构造、工作过程等 2. 能力目标 能够进行回转式污泥焚烧炉的开车、停车操作 3. 素质目标 具备一定的自学、语言表达、计算机应用、沟通合作、组织协调的能力
基本 任务	1. 污泥焚烧的类型 2. 完全焚烧的原理,焚烧设备的类型 3. 讲述递流回转焚烧炉、立式多段焚烧炉的工作过程
技能 任务	回转式污泥焚烧炉的开车、停车操作
探索 任务	1. 在什么情况下采用污泥焚烧工艺? 焚烧的热量由什么提供? 2. 污泥焚烧前要进行的预处理是什么? 不需要进行的是什么? 为什么? 3. 污泥干燥的原理、目的是什么? 干燥设备有哪些类型?

【知识链接】

污泥经焚烧后，含水率可降为 0，使运输与最后处置大为简化。污泥在焚烧前应有效地脱水干燥。焚烧所需热量由污泥自身所含有机物的燃烧热值或辅助燃料提供。如采用污泥焚烧工艺，则前处理不必用污泥消化或其他稳定处理，以免由于有机物减少而降低燃烧热值。

污泥焚烧可分为两种类型：完全焚烧和湿式燃烧（即不完全焚烧）。

一、完全焚烧

完全焚烧即在高温、供氧充足、常压条件下，焚烧污泥，使污泥所禽水分被完全蒸发，有机物质被完全氧化，焚烧的最终产物是 CO_2、H_2O 等气体及焚烧灰。

1. 回转焚烧炉

回转焚烧炉又称转窑，如图 5-14 所示。它呈筒形，外围有钢箍，钢箍落在传动轮轴上，由转动轮轴带动炉体旋转。炉体内壁衬以重型硬面耐火砖，并设有径向炒板，促使污泥翻动。炉体的进料端比出料端略高，炉身具有一个倾斜度，炉料可以沿炉体长度方向移动。回转炉的前段约 1/3 炉长长度为干燥带；后段约 2/3 炉长长度为燃烧带。

回转炉投入运转之前，先用石油气或燃料油燃烧预热炉膛，然后投入脱水后的污泥饼。污泥从炉体高端进入，从低端排出，燃料油从低端喷入，所以低端始终具有最高温度，而高端温度较低。随着炉体转动，污泥从高端缓缓向低端移动。首先在干燥带内，污泥进行预热干燥，达到临界含水率 10%～30% 后，污泥的温度和热气体的湿球温度一样，约 160℃，进行恒速蒸发，然后温度开始上升，达到着火点，在燃烧带内经干馏后的污泥着火燃烧，污泥颗粒粒径约 3～10mm 时，其燃烧受内部扩散控制，所以气体与颗粒的相对速度越大或灰尘越薄，燃烧速度越快。燃烧带的温度可达 700～900℃。

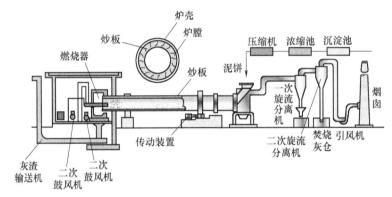

图 5-14　回转窑式污泥系统的流程和设备

2. 立式多段焚烧炉

立式多段焚烧炉是一个内衬耐火材料的钢制圆筒，一般分成 6～12 层。各层都有旋转齿耙，所有的耙都固定在一根空心转轴上，转速为 1r/min。空气由轴的中心鼓入，一方面使轴冷却，另一方面把空气预热到燃烧所需的温度。齿耙用耐高温的铬钢制成，泥饼从炉的顶部进入炉内，依靠齿耙的耙动，翻动污泥，并使污泥自上逐层下落。顶部两层为干燥层、温度约 480～680℃，可使污泥含水率降至 40% 以下。中部几层为焚烧层，温度达 760～980℃。下部几层为缓慢冷却层，温度为 260～350℃，这几层主要起冷却并预热空气作用。其构造如图 5-15 所示。

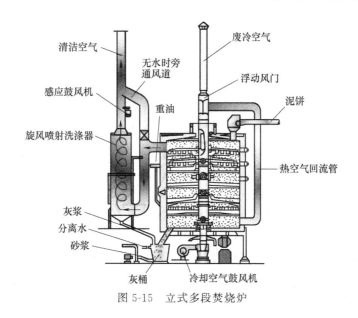

图 5-15　立式多段焚烧炉

二、湿式燃烧

湿式燃烧是将经浓缩的污泥（含水率约为 96%），在液态下加温加压并压入压缩空气，使有机物被氧化去除，从而改变污泥结构与成分，使脱水性能大大提高。湿式燃烧约有 80%～90% 的有机物被氧化，故又称为不完全焚烧或湿式氧化。

湿式燃烧是在高温、高压下进行，所用的氧化剂为空气中的氧气或纯氧、富氧。湿式燃烧法主要应用于：①污泥或高浓度工业污水；②含危险物、有毒物、爆炸物污水；③回收有用物质如混凝剂、碱等；④再生活性炭等。

子情境六　污泥的最终处置与利用

【任务描述】

任务 目标	1. 知识目标 (1) 了解污泥最终处置与利用的途径 (2) 理解污泥堆肥的方法、过程等 2. 能力目标 能够利用各种资源检索所需要的信息 3. 素质目标 具备一定的自学、语言表达、计算机应用、沟通合作、组织协调的能力
综合 任务	处理后的污泥，你能做什么？ 以小组为单位，利用各种资源查找污泥最终处置与利用的途径，并以 PPT 的形式讲述

【知识链接】

1. 农肥利用与土地处理

（1）污泥的农肥利用　我国城市污水处理厂污泥中含有的氮、磷、钾等植物性营养物质非常丰富，可作为农业肥料使用，污泥中含有的有机物亦可作为土壤改良剂。

（2）土地处理　可将污泥投放于废露天矿场、尾矿场、采石场、粉煤灰堆场、戈壁滩与沙漠等地，改造不毛之地为可耕地。污泥投放期间，应经常测定地下水和地面水，控制投放量。

2. 污泥堆肥

污泥堆肥是农业利用的有效途径。堆肥方法有污泥单独堆肥、污泥与城市垃圾混合堆肥两种。污泥堆肥一般在好氧条件下，利用嗜温菌、嗜热菌的作用，分解污泥中的有机物质并杀灭传染病菌、寄生虫卵与病毒，提高污泥肥分。堆肥可分为两个阶段，即一级堆肥阶段与二级堆肥阶段。一级堆肥阶段可分为 3 个过程：发热、高温消毒及腐熟，约耗时 7～9d，在堆肥仓内完成。二级堆肥阶段是在一级堆肥完成后，停止强制通风，采用自然堆放方式，使其进一步熟化、干燥、成粒。堆肥成熟的标志是物料呈黑褐色，无臭味，手感松散，颗粒均匀，蚊蝇不易繁殖，病原菌、寄生虫卵、病毒以及植物种子均被杀灭，氮、磷、钾等肥效增加且易被作物吸收，符合我国卫生部颁布的高温堆肥的卫生评价标准。堆肥过程中产生的废液就地处理或送污水处理厂处理。

3. 污泥的利用

（1）制造建筑材料　第一，提取活性污泥中含有的丰富的粗蛋白与球蛋白酶，配制成活性污泥树脂，与纤维填料混匀，压制成形，制造生化纤维板。第二，利用污泥或焚烧污泥灰生产污泥砖、地砖。

（2）污泥裂解　污泥经干化、干燥后，可以用煤裂解的工艺方法，将污泥裂解制成可燃气、焦油、苯酚、丙酮、甲醇等化工原料。

（3）污泥填埋与填海造地　填埋是我国目前污泥处置的主要方法，可以建卫生填埋场，与城市固体废物一起进行卫生填埋。需要时可利用符合利用条件的干化污泥填地、填海造地。

【考核评价】

情境五　考核评价表

学生信息		考核项目及赋分									
		基本项及赋分						技能项及赋分	加分项及赋分			情境考核及赋分
学号	学生姓名	出勤(5)	态度(5)	方案(10)	基本问题(15)	合作(3)	劳动(2)	技能任务/拓展任务(30)	探索问题(10)	综合任务(5)	组长(5)	综合考核(10)
1												
2												
3												
*												

【归纳提升】

一、应知应会

1. 填空题

（1）污泥处理的方法主要包括_____、_____、_____、干燥等，是为了实现污泥的稳定化、无害化和减量化。

（2）污泥的处置方法主要包括_____、_____、_____等，主要是实现污泥的利用与资源化。

（3）根据污泥中物质的成分，可将污泥分为_____和_____两大类。

（4）污泥浓缩的主要方法有_____、_____、_____。

（5）污泥脱水的主要方法有_____、_____。

2. 简答题

（1）影响污泥厌氧消化的因素有哪些？

（2）在哪些情况下可以考虑采用污泥焚烧工艺？

二、灵活运用

1. 简述板框压滤机的操作程序。

2. 在板框压滤机的使用过程中应注意哪些问题？

3. 板框压滤机的常见故障及解决办法有哪些？

4. 带式压滤机脱泥效果的考核因素有哪些？

5. 离心脱水机的运行工况有哪些？

6. 污泥脱水机的日常运行维护管理的主要内容有哪些？

7. 污泥重力浓缩池的运行控制参数有哪些？

参 考 文 献

[1] 北京水环境与设备研究中心等. 三废处理工程技术手册 (废水卷). 北京：化学工业出版社，2000.
[2] 沈耀良，王宝贞. 废水生物处理新技术. 北京：中国环境科学出版社，2000.
[3] 唐受印，戴友芝等. 水处理工程师手册. 北京：化学工业出版社，2000.
[4] 王燕飞. 水污染控制技术. 北京：化学工业出版社，2001.
[5] 王凯军，贾立敏. 城市污水生物处理新技术开发与应用. 北京：化学工业出版社，2001.
[6] 李广贺. 水资源利用与保护. 北京：中国建筑工业出版社，2002.
[7] 郑俊，吴昊汀，程寒飞. 曝气生物滤池污水处理新技术及工程实例. 北京：化学工业出版社，2002.
[8] 张统. 间歇活性污泥法污水处理技术及工程实例. 北京：化学工业出版社，2002.
[9] 徐亚同. 废水生物处理的运行管理与异常对策. 北京：化学工业出版社，2003.
[10] 纪轩. 污水处理工必读. 北京：中国石化出版社，2004.
[11] 王宝贞，王琳. 水污染治理新技术：新工艺、新概念、新理论. 北京：科学出版社，2004.
[12] 王金梅，薛旭明. 水污染控制技术. 北京：化学工业出版社，2004.
[13] 彭党聪. 水污染控制工程实践教程. 北京：化学工业出版社，2004.
[14] 谢经良，沈晓楠，彭忠. 污水处理设备操作维护问答. 北京：化学工业出版社，2006.
[15] 唐玉斌. 水污染控制工程. 哈尔滨：哈尔滨工业大学出版社，2006.
[16] 周正立. 污水生物处理应用技术及工程实例. 北京：化学工业出版社，2006.
[17] 张宝军. 水污染控制技术. 北京：中国环境工程出版社，2007.
[18] 李亚峰，佟玉衡，陈立杰. 实用废水处理技术. 北京：化学工业出版社，2007.
[19] 王继武，宋来洲，孙颖等. 环保设备选择、运行与维护. 北京：化学工业出版社，2007.
[20] 郭正，张宝军等. 水污染控制与设备运行. 北京：高等教育出版社，2007.
[21] 谭万春. UASB工艺及工程实例. 北京：化学工业出版社，2009.
[22] 王有志. 水污染控制技术. 中国劳动社会保障出版社，2010.